现场安全生产“四个管住”习题集

国网宁夏电力有限公司超高压公司　编

中国电力出版社
CHINA ELECTRIC POWER PRESS

图书在版编目（CIP）数据

现场安全生产“四个管住”习题集 / 国网宁夏电力有限公司超高压公司编. —北京：中国电力出版社，2024.7

ISBN 978-7-5198-8836-7

Ⅰ. ①现…　Ⅱ. ①国…　Ⅲ. ①电力工业–工业企业管理–安全生产–中国–图集　Ⅳ. ①TM08-44

中国国家版本馆 CIP 数据核字（2024）第 080802 号

出版发行：中国电力出版社
地　　址：北京市东城区北京站西街 19 号（邮政编码 100005）
网　　址：http://www.cepp.sgcc.com.cn
责任编辑：雍志娟
责任校对：黄　蓓　王海南
装帧设计：郝晓燕
责任印制：石　雷

印　　刷：廊坊市文峰档案印务有限公司
版　　次：2024 年 7 月第一版
印　　次：2024 年 7 月北京第一次印刷
开　　本：787 毫米×1092 毫米　16 开本
印　　张：19.25
字　　数：313 千字
印　　数：0001—1000 册
定　　价：100.00 元

编委会

前　言

近年来，国家电网公司加大作业现场安全管控力度，并于2020年，提出了“四个管住”的生产作业风险管控方法和思路。为进一步助推一线人员加深对“四个管住”（计划、队伍、人员和现场）的认识，切实有效提升一线人员对计划、队伍、人员和现场的管控水平，国网宁夏电力有限公司特编制适用于一线作业人员针对“四个管住”培训学习效果评价考核的《现场安全生产“四个管住”习题集》。本书涵盖了现场计划管控、队伍管控、人员管控、现场管控四个方面的评价标准及具体实操要点内容，题型包括单选题、多选题、判断题和填空题四类。

在本书编写过程中，得到国网宁夏电力有限公司的大力支持，在此表示衷心感谢！

由于编写水平所限，书中难免存在不妥或疏漏之处，希望广大读者批评指正。

编　者

2024年6月

目 录

一、四个管住初阶题库（共200道）

学习对象

- 宁夏本地一线人员

学习目标

- 理解管住计划、队伍、人员和现场的基本概念及重点内容
- 掌握计划、队伍、人员和现场管控的标准和具体要求
- 了解《国网公司安全工作规程》中相关术语、定义内容

涉及知识点

计划管理、队伍管理、人员管理和现场管理的概念及关系、计划、队伍、人员、现场管控的重点内容及要求、《国网公司安全工作规程》相关术语定义等

（一）单选题（共 100 道）

1.“管住队伍”共（　　）项指标，对各单位准入队伍规范率、队伍准入情况核查情况进行评价；通报各单位纳入负面清单的外包单位、违章数量最多的外包单位。

A. 2　　B. 3　　C. 4　　D. 6

2. 工作票准确性指标的评价方式为每（　　）抽查各单位二、三级作业计划，是否存在工作票填写、执行不准确情况。

A. 日　　B. 周　　C. 两周　　D. 月

3. 准入队伍规范率指标的评定标准 A 档为准入队伍规范率排名前（　　）位。

A. 三　　B. 四　　C. 五　　D. 六

4. 作业状态准确率指标的评定标准（　　）档：计划状态执行准确率排名后六位。

A. A　　B. B　　C. C　　D. D

5. 工作票准确性指标的计算公式为（　　）。

A. 完工计划数/日计划总数 × 100%

B. 上传工作票日计划数/日计划总数 × 100%

C. 准入队伍数据规范条数/准入队伍总数 × 100%

D. 有效签到数/有效作业总数 × 100%

6. 工作票准确性指标中，工作票填写、执行存在一般错误属于（　　）档。

A. A　　B. B　　C. C　　D. D

7. 工作票准确性指标中，工作票填写、执行存在关键措施未填写等严重错误属于（　　）档。

A. A　　B. B　　C. C　　D. D

8. 队伍准入情况核查指标中，存在队伍未准入、负面清单执行不到位情况属于（　　）档。

A. A　　B. B　　C. C　　D. D

9. 准入队伍规范率指标中，准入队伍规范率排名后六位属于（　　）档。

A. A　　B. B　　C. C　　D. D

10. 作业状态准确率指标中，计划状态执行准确率排名前六位属于（　　）档。

A. A　　B. B　　C. C　　D. D

11. 工作票准确性指标中，工作票填写、执行无错误属于（　　）档。

A. A　　B. B　　C. C　　D. D

12. 低（电）压用于配电的交流系统中（　　）的电压等级。

A. 220V 以下　　B. 220V 及以下　　C. 1000V 以下　　D. 1000V 及以下

13. 高（电）压：① 通常指超过低压的电压等级。② 特定情况下，指电力系统中（　　）的电压等级。

A. 输电　　B. 变电　　C. 配电　　D. 用电

14. 为加强（　　），规范各类工作人员的行为，保证人身、电网和设备安全，依据国家有关法律、法规，结合电力生产的实际，制定本规程。

A. 安全管理　　B. 电力生产现场管理

C. 工作流程　　D. 作业方法

15. 作业人员应具备必要的（　　），学会紧急救护法，特别要学会触电急救。

A. 理论知识　　B. 实践经验

C. 安全生产知识　　D. 生产知识

16. 进入作业现场应正确佩戴安全帽，现场作业人员应穿（　　）、绝缘鞋。

A. 绝缘服　　B. 屏蔽服

C. 防静电服　　D. 全棉长袖工作服

17. 作业现场的生产条件和（　　）等应符合有关标准、规范的要求，工作人员的劳动防护用品应合格、齐备。

A. 通风设备　　B. 生产设施　　C. 防护设施　　D. 安全设施

18. 经常有人工作的场所及施工车辆上宜（　　），存放急救用品，并应指定专人经常检查、补充或更换。

A. 配备技术员　　B. 配备管理员　　C. 配备灭火筒　　D. 配备急救箱

19. 现场使用的（　　）应合格并符合有关要求。

A. 工作票　　B. 安全工器具　　C. 操作票　　D. 急救箱

20. 各类作业人员应被告知其作业现场和工作岗位存在的（　　）、防范措施及事故紧急处理措施。

A. 危险因素　　B. 紧急救护措施

C. 应急预案　　D. 逃生方法

21. 在（　　）新技术、新工艺、新设备、新材料的同时，应制定相应的安全措施，经本单位批准后执行。

A. 试验和推广　B. 研发和评估　C. 试验和生产　D. 研发和推广

22. 作业人员应（　　），无妨碍工作的病症（体格检查每两年至少一次）。

A. 经领导鉴定　B. 经师傅鉴定　C. 经国家鉴定　D. 经医师鉴定

23. 作业人员应具备必要的电气知识和业务技能，且按（　　），熟悉本规程的相关部分，并经考试合格。

A. 专业培训　B. 工作性质　C. 技能培训　D. 现场实习

24. 为加强电力生产现场管理，规范（　　），保证人身、电网和设备安全，依据国家有关法律、法规，结合电力生产的实际，制定本规程。

A. 结合电力行业特点　　B. 根据工作实际

C. 各类工作人员的行为　　D. 为满足现场需要

25. 作业人员应具备必要的安全生产知识，学会紧急救护法，特别要学会（　　）。

A. 创伤急救　B. 溺水急救　C. 触电急救　D. 高空急救

26. 作业现场的生产条件和安全设施等应符合有关标准、规范的要求，工作人员的（　　）应合格、齐备。

A. 劳动防护用品　　B. 安全工器具

C. 施工机具　　D. 装备

27. 进入（　　）应正确佩戴安全帽，现场作业人员应穿全棉长袖工作服、绝缘鞋。

A. 设备运维管理单位　　B. 调度控制中心

C. 安全监督管理部门　　D. 作业现场

28. 各类作业人员应接受相应的安全生产教育和岗位技能培训，经（　　）上岗。

A. 领导批准　B. 师傅带领　C. 考试合格　D. 现场实习

29. 作业人员对本规程应（　　）考试一次。

A. 每半年　B. 每年　C. 每两年　D. 每三年

30. 因故间断电气工作连续（　　）个月以上者，应重新学习本规程，并经考试合格后，方能恢复工作。

A. 一　　B. 二　　C. 三　　D. 六

31. 新参加电气工作的人员、实习人员和临时参加劳动的人员（管理人员、非全日制用工等），应经过（　　）后，方可到现场参加指定的工作，并且不得单独工作。

A. 岗位技能培训　　B. 安全知识教育

C. 领导批准　　D. 电气知识培训

32. 参与公司系统所承担电气工作的外单位或外来工作人员应熟悉本规程，经考试合格，并经（　　）认可，方可参加工作。

A. 相关单位分管领导　　B. 设备运维管理单位

C. 安全监督管理部门　　D. 调度控制中心

33. 为加强电力生产现场管理，规范各类工作人员的行为，保证（　　），依据国家有关法律、法规，结合电力生产的实际，制定本规程。

A. 电力生产的安全管理　　B. 人身、电网和设备安全

C. 现场作业的工作流程　　D. 各类设备的作业方法

34. 作业人员应经医师鉴定，无妨碍工作的病症，体格检查每（　　）至少一次。

A. 半年　　B. 一年　　C. 两年　　D. 三年

35. 在试验和推广新技术、新工艺、新设备、新材料的同时，应制定相应的安全措施，经（　　）批准后执行。

A. 工作负责人　　B. 工作票签发人

C. 本单位　　D. 专责监护人

36. 任何人发现有违反本规程的情况，应立即制止，经（　　）后方可恢复作业。

A. 上级领导同意　　B. 处罚

C. 批评教育　　D. 纠正

37.（　　）有权拒绝违章指挥和强令冒险作业；在发现直接危及人身、电网和设备安全的紧急情况时，有权停止作业或者在采取可能的紧急措施后撤离作业场所，并立即报告。

A. 工作人员　　B. 管理人员　　C. 作业人员　　D. 任何人

38. 在试验和推广新技术、新工艺、新设备、新材料的同时，应制定相应的（　　），经本单位批准后执行。

A. 组织措施　　B. 技术措施　　C. 安全措施　　D. 应急措施

39. 配电线路系指（　　）kV 及以下配电网中的架空线路、电缆线路及其附属设备等。

A. 6　　B. 10　　C. 20　　D. 35

40. 从事配电相关工作的（　　）应遵守并严格执行本规程。

A. 运维人员　　B. 检修人员　　C. 施工人员　　D. 所有人员

41.（　　）的电气设备，指全部带有电压、一部分带有电压或一经操作即带有电压的电气设备。

A. 试检中　　B. 运行中　　C. 运用中　　D. 调试中

42. 事故紧急抢修工作，指电气设备发生故障被迫紧急停止运行，需（　　）恢复的抢修和排除故障的工作。

A. 按计划时间内　　B. 短时间内

C. 规定时间内　　D. 限定时间内

43. 事故紧急抢修工作，指电气设备发生故障（　　），需短时间内恢复的抢修和排除故障的工作。

A. 可以短期运行　　B. 有可能引起停运

C. 被迫紧急停止运行　　D. 可能引起系统障碍

44. 双重称号即（　　）。

A. 线路名称和称号　　B. 线路名称和位置称号

C. 编号和位置称号　　D. 编号和称号

45. 线路位置称号指上线、中线或下线和（　　）的左线或右线。

A. 面向送电侧　　B. 面向受电侧

C. 面向线路杆塔号增加方向　　D. 面向线路杆塔号减小方向

46. 任何人发现有违反本规程的情况，应（　　），经纠正后才能恢复作业。

A. 批评教育　　B. 严肃指出　　C. 立即制止　　D. 立即汇报

47. 为加强电力生产现场管理，规范各类工作人员的行为，保证人身、电网和设备安全，依据国家有关法律、法规，（　　），制定本规程。

A. 结合电力行业特点　　B. 根据工作实际

C. 结合电力生产的实际　　D. 为满足现场需要

48. 参与公司系统所承担电气工作的外单位或外来工作人员应熟悉本规程，经（　　），并经设备运维管理单位认可，方可参加工作。

A. 分管领导批准　　B. 考试合格

C. 安全监督管理部门审核　　D. 调度控制中心确认

49. 作业现场的生产条件和安全设施等应符合有关标准、规范的要求，工作人员的劳动防护用品应（　　）。

A. 合规、实用　　B. 安全、齐备

C. 合格、齐备　　D. 合格、高级

50. 经常有人工作的场所及施工车辆上宜配备急救箱，存放急救用品，并应指定（　　）经常检查、补充或更换。

A. 技术员　　B. 管理员　　C. 安全员　　D. 专人

51. 现场使用的安全工器具应（　　）并符合有关要求。

A. 规范　　B. 合格　　C. 齐备　　D. 可靠

52. 各类作业人员应被告知其作业现场和工作岗位存在的危险因素、防范措施及（　　）。

A. 事故紧急处理措施　　B. 紧急救护措施

C. 应急预案　　D. 逃生方法

53. 建立健全“约谈”“说清楚”等过程管控制度，依据违章记分、安全记录等评价结果，对作业队伍安全管控情况进行（　　）。

A. 监督检查　　B. 动态纠偏　　C. 意识教育　　D. 责任追究

54. 作业人员应经医师鉴定，（　　）病症（体格检查每两年至少一次）。

A. 无容易传染的　　B. 无不能治愈的

C. 无慢性　　D. 无妨碍工作的

55. 作业人员应具备必要的电气知识和业务技能，且按工作性质，熟悉本规程的相关部分，并经（　　）。

A. 专业培训　　B. 考试合格　　C. 技能培训　　D. 现场实习

56. 吸取事故教训，有针对性地开展施工机具、安全工器具研发，加大作业现场（　　）力度。

A. 可操控　　B. 安全控制　　C. 机械替代　　D. 考核激励

57. 作业人员应具备必要的安全生产知识，学会（　　），特别要学会触电急救。

A. 紧急救护法　　B. 技能等级

C. 专业学历　　D. 工作经验

58.“四个管住”支撑体系建设不包括（　　）。

A. 安全制度体系建设　　B. 安全督查队伍建设

C. 安全管控中心建设　　D. 智能管控研发建设

59. 进入作业现场应正确佩戴（　　），现场作业人员应穿全棉长袖工作服、绝缘鞋。

A. 岗位标识　　B. 上岗证　　C. 工作牌　　D. 安全帽

60. 作业人员对本规程应每年（　　）。

A. 复习一次　　B. 考试一次　　C. 复习两次　　D. 考试两次

61. 作业人员因故间断电气工作连续三个月以上者，应（　　），并经考试合格后，方能恢复工作。

A. 重新考取资格证　　B. 重新登记信息

C. 重新报名考试　　D. 重新学习本规程

62. 作业现场的（　　）和安全设施等应符合有关标准、规范的要求，工作人员的劳动防护用品应合格、齐备。

A. 设备条件　　B. 办公条件　　C. 防护条件　　D. 生产条件

63.（　　）是源头，计划管理是建立和维持良好生产作业秩序的前提。

A. 管住计划　　B. 管住队伍　　C. 管住人员　　D. 管住现场

64. 管住计划就是要求各级管理人员抓牢（　　）这一龙头。

A. 管住计划　　B. 作业计划　　C. 人员计划　　D. 现场计划

65.（　　）是作业组织实施的载体，技术技能水平高、安全履责能力强的队伍是保障现场作业安全有序组织实施的基础。

A. 计划　　B. 作业　　C. 队伍　　D. 人员

66.（　　）是现场作业和管控措施执行的主体，也是作业风险管控最关键因素。

A. 计划　　B. 作业　　C. 队伍　　D. 人员

67. 管住现场就是在管住计划、管住人员、管住队伍的基础上，通过发挥专业保证和监督体系（　　）作用，强化作业现场技术管控，提升标准化、机械化作业能力。

A. 协同管控　　B. 分级管控　　C. 集中管控　　D. 统一管控

68. 各级专业管理部门按照“谁主管、谁负责”（　　）要求，严格执行“月计划、周安排、日管控”制度，加强作业计划与风险管控，健全计划编制、审批和发布工作机制，明确各专业计划管理人员，落实管控责任。

A. 协同管控　　B. 分级管控　　C. 集中管控　　D. 统一管控

69. 健全作业风险分级管控机制，发挥（　　）作用，持续强化作业组织管理，严审作业方案可行性，规范开展风险分析辨识、评估定级，分级制定管控措施，明确到岗到位人员。

A. 协同管控　　B. 专业管控　　C. 集中管控　　D. 统一管控

70. 依托（　　）风险管控平台，建立健全作业队伍安全资信数据库，在进场前对外部施工队伍实施安全资信审核、准入、报备管理，对外包队伍开展常态化考察，把好队伍安全准入关。

A. 安全生产　　B. 高效生产　　C. 集中生产　　D. 节能生产

71.（　　）资质挂靠，严禁资质不全、资信不良队伍入网作业。

A. 严禁　　B. 严查　　C. 严防　　D. 严令

72. 严格落实工程建管单位、项目管理单位责任，强化安全（　　），及时曝光处置作业队伍的不安全行为。

A. 监督检查　　B. 责任落实　　C. 意识教育　　D. 责任追究

73. 作业人员应经医师鉴定，无妨碍工作的病症［体格检查每两年（　　）］。

A. 多于两次　　B. 至少两次　　C. 至少一次　　D. 多于一次

74. 坚决剔除安全管理不合格、不满足要求的施工单位，倒逼施工作业单位从（　　）强化安全管理。

A. 源头侧　　B. 意识上　　C. 行动中　　D. 流程上

75. 依托安全生产风险管控平台等信息系统，动态建立作业人员名册，全面实行（　　）管理。

A. 集中式　　B. 分级式　　C. 扁平化　　D. 实名制

76. 动态开展现场作业人员（　　）、证照核查，推行人员违章记分，实施全员安全资信记录和人员安全“负面清单”管控。

A. 资质　　B. 资历　　C. 学历　　D. 简历

77. 对作业水平低、反复违章、安全素质能力严重不足的作业人员，及时

（　　）。

A. 培训提升　　B. 批评指正　　C. 清理出场　　D. 制止规范

78. 健全安全生产激励约束和人员退出机制，在深入开展现场安全督查基础上，以现场（　　）工作为抓手，建立违章及时曝光和记分机制。

A. 培训　　B. 积分　　C. 曝光　　D. 反违章

79. 合理设置安全（　　），重点向基层一线人员、向承担高风险作业人员倾斜。

A. 培训　　B. 积分　　C. 专项奖励　　D. 规定

80. 规范实施（　　）作业流程，严格进场施工设备、机具管理，强化倒闸操作、安全措施布置、许可开工、安全交底、现场施工、作业监护、验收及工作终结全过程管控。

A. 标准化　　B. 系统化　　C. 程序化　　D. 扁平化

81. 严格（　　）分级管控工作要求，建立健全生产作业到岗到位管理制度，明确到岗到位标准和工作内容。

A. 作业内容　　B. 作业类别　　C. 作业风险　　D. 作业时间

82. 领导干部和管理人员，按照“管业务必须管安全”原则，常态开展作业现场检查，督促作业人员落实（　　），严格执行各项安全管控措施。

A. 安全规定　　B. 安全责任　　C. 风险管控　　D. 安全措施

83. 健全上级对下级检查、同级安全监督体系对安全（　　）体系督促的工作机制。

A. 保证　　B. 管控　　C. 落实　　D. 执行

84. 充分运用“四不两直”“远程+现场”等督查方式，强化（　　）督查，严肃查纠、曝光、考核各类违章行为。

A. 规定落实　　B. 现场安全　　C. 安规制定　　D. 安全保护

85. 完善违章考核激励约束机制，积极开展“无违章班组”“无违章员工”创建活动，鼓励违章（　　）。

A. 自查自纠　　B. 积极上报　　C. 自我约束　　D. 考核激励

86.（　　）应具备必要的安全生产知识，学会紧急救护法，特别要学会触电急救。

A. 分管领导　　B. 管理部门　　C. 作业人员　　D. 控制中心

87. 加强人工智能、边缘计算、区块链、大数据等新技术推广应用，推进数字化工作票（施工作业票）、违章智能识别、风险全景感知等技术落地，持续为（　　）工作赋智、赋能。

A. 安全管理　　B. 安全宣传　　C. 高效节能　　D. 考核激励

88. 为推进“四个管住”策略有效落地，从组织管理和（　　）上做好工作支撑，确保各项要求刚性执行。

A. 安全管理　　B. 安全宣传　　C. 执行方针　　D. 技术手段

89. 组建省、市、县三级安全督查队伍，配齐配足专（兼）职督查人员和督查装备，通过“四不两直”督察、远程视频督查、区域互查、专项检查等方式，对作业现场实施全面、全员、全过程、（　　）监督。

A. 全时效　　B. 全工种　　C. 全方位　　D. 全场地

90.（　　）开展远程视频督查，充分发挥安全管控中心作用，对各类作业现场实施全覆盖督查。

A. 常态化　　B. 系统化　　C. 标准化　　D. 可视化

91. 深化安全生产风险管控平台建设应用，加快安全监督力量与风控平台功能深度融合，全面支撑作业（　　），实现作业现场督查全覆盖、作业计划全覆盖、作业队伍人员全覆盖。

A. 风险管控　　B. 安全宣传　　C. 执行方针　　D. 技术手段

92. 加大视频监控（　　），丰富终端类型和组合方式，规范监控终端保管、调拨、使用、维护、网络安全等日常管理，优化视频接入、存储、共享模式，保证作业现场视频监控“全覆盖”、大型复杂现场全程监控“无死角”。

A. 可操控性　　B. 终端配置　　C. 机械替代　　D. 考核激励

93. 研发主动感知型智能安全工器具，加快推进（　　）建设，结合风控平台、移动作业终端、边缘计算装置、智能穿戴装备，强化作业全过程、全要素管控。

A. 实体化工作票　　B. 实名制工作票

C. 数字化工作票　　D. 便携式工作票

94. 本指导意见是公司推行“四个管住”的总体原则和工作指导，各单位要加强意见的宣贯和学习，使各级（　　）人员充分理解“四个管住”的内涵和重点内容，立足岗位自觉践行“四个管住”。

A. 作业　　B. 实操　　C. 管理　　D. 一线

95. 各单位要按照“四个管住”重点内容和支撑（　　）要求，健全作业风险、安全准入、安全督查、安管中心等管理规章制度，规范工作标准和工作流程，为“四个管住”实施提供坚强保障。

A. 体系建设　B. 安全宣传　C. 执行方针　D. 技术手段

96. 各单位要围绕“一（　　）、一终端、一中心”，深化安管中心建设，完善风控平台功能，推广应用数字化安全管控智能终端，不断丰富“四个管住”实施技术手段，确保“四个管住”真正落地、落实。

A. 平台　B. 理念　C. 方针　D. 手段

97. 总部将在指导意见基础上进一步完善数字化安全管控体系评价标准，从工作目标、过程管理、支撑建设三个方面对各级单位“四个管住”实施情况进行评估，通过（　　），持续提升管控能力和水平。

A. 平台管控　B. 深化理念　C. 方针引导　D. 闭环整改

98. 进入作业现场应正确佩戴安全帽，现场作业人员应穿全棉长袖工作服、（　　）。

A. 绝缘手套　B. 屏蔽鞋　C. 防静电鞋　D. 绝缘鞋

99. 下列不属于“管住现场”的实施措施的是（　　）。

A. 平台管控　B. 作业管控　C. 到岗到位　D. 现场督查

100. 下列不属于“管住人员”的实施措施的是（　　）。

A. 人员准入　B. 安全培训　C. 动态管控　D. 到岗到位

（二）多选题（共 40 道）

1. 下列属于管住队伍指标的有（　　）。

A. 准入队伍规范率　B. 作业状态准确率

C. 队伍准入情况核查　D. 工作票准确性

2. 工作票准确性指标的评价目标是（　　）。

A. 评价工作票填写　B. 评价准入队伍关键信息是否齐全

C. 评价作业计划关联队伍是否准入　D. 执行准确性

3. 准入队伍规范率的评价方式，统计各单位准入队伍关键信息是否包括企业名称、营业执照、统一社会信用代码、（　　）、准入状态、身份证号、联系电话、企业地址、经营期限并规范填写。

A. 企业性质　B. 法人代表姓名

C. 企业信誉　　D. 企业电话

4. 设备双重名称即设备（　　）。

A. 名称　　B. 状态　　C. 称号　　D. 编号

5. 电力线路是指在系统两点间用于（　　）的导线、绝缘材料和附件组成的设施。

A. 输电　　B. 变电　　C. 配电　　D. 发电

6. 为加强电力生产现场管理，规范各类工作人员的行为，保证（　　）安全，依据国家有关法律、法规，结合电力生产的实际，制定本规程。

A. 人身　　B. 电网　　C. 设备　　D. 设施

7. 各类作业人员应被告知其（　　）存在的危险因素、防范措施及事故紧急处理措施。

A. 作业现场　　B. 反事故措施　　C. 工作岗位　　D. 安全工器具

8. 作业人员应具备必要的（　　），且按工作性质，熟悉本规程的相关部分，并经考试合格。

A. 电气知识　　B. 理论知识　　C. 业务技能　　D. 实践经验

9. 各类作业人员应接受相应的（　　），经考试合格上岗。

A. 安全生产教育　　B. 安全警示教育

C. 岗位技能培训　　D. 岗位职责培训

10. 新参加电气工作的人员、（　　），应经过安全知识教育后，方可到现场参加指定的工作，并且不准单独工作。

A. 实习人员

B. 临时参加劳动的人员（管理人员、非全日制用工等）

C. 外来人员

D. 配合工作人员

11. 参与公司系统所承担电气工作的（　　）工作前，设备运维管理单位应告知现场电气设备接线情况、危险点和安全注意事项。

A. 新进人员　　B. 外单位

C. 外来工作人员　　D. 临时作业人员

12. 各类作业人员在发现直接危及（　　）的紧急情况时，有权停止作业或者在采取可能的紧急措施后撤离作业场所，并立即报告。

A. 人身　　B. 电网　　C. 作业计划　　D. 设备安全

13. 各类作业人员有权拒绝（　　）。

A. 违章指挥　　B. 强令冒险作业

C. 危险作业　　D. 有害工作

14. 在试验和推广（　　）的同时，应制定相应的安全措施，经本单位批准后执行。

A. 新技术　　B. 新工艺　　C. 新设备　　D. 新材料

15. 为加强配电作业现场管理，规范各类工作人员的行为，保证（　　）安全，依据国家有关法律、法规，结合配电作业实际，制定本规程。

A. 人身　　B. 电网　　C. 设备　　D. 设施

16. 充分运用（　　）等督查方式，强化现场安全督查，严肃查纠、曝光、考核各类违章行为。

A.“四不两直”　　B.“远程+现场”

C.“负面清单”　　D.“黑名单”

17. 运用中的配电线路和设备，系指（　　）的配电线路和设备。

A. 全部带有电压　　B. 一部分带有电压

C. 一经操作即带有电压　　D. 已安装完毕

18. 本规程适用于国家电网公司系统各单位所管理的运用中的（　　）及相关场所。

A. 配电线路、设备　　B. 变电站内配电设备

C. 用户配电设备　　D. 发电厂内低压配电设备

19. 配电设备系指 20kV 及以下配电网中的配电站、开闭所（开关站，以下简称开闭所）、箱式变电站、柱上变压器、柱上开关（包括柱上断路器、柱上负荷开关）、环网单元、电缆分支箱、（　　）等。

A. 变电站内开关柜　　B. 低压配电箱

C. 电表计量箱　　D. 充电桩

20. 运用中的电气设备，系指（　　）的电气设备。

A. 全部带有电压　　B. 一部分带有电压

C. 一经操作即带有电压　　D. 检修中

21. 各类作业人员应被告知其作业现场和工作岗位（　　）。

A. 存在的危险因素　　B. 反事故措施

C. 防范措施　　D. 事故紧急处理措施

22. 参与公司系统所承担电气工作的外单位或外来工作人员工作前，设备运维管理单位应告知（　　）。

A. 作业时间　　B. 现场电气设备接线情况

C. 危险点　　D. 安全注意事项

23. 各类作业人员在发现直接危及人身、电网和设备安全的紧急情况时，有权（　　），并立即报告。

A. 停止作业

B. 在采取可能的紧急措施后撤离作业场所

C. 结束工作票

D. 立即离开作业现场

24. 在（　　）新技术、新工艺、新设备、新材料的同时，应制定相应的安全措施，经本单位批准后执行。

A. 试验　　B. 推广　　C. 生产　　D. 设计

25. 为贯彻落实公司关于安全生产工作部署，牢固树立“四个最”意识，坚持“（　　）”安全目标，全力推进“四个管住”落地、落实，特制订本指导意见。

A. 三杜绝　　B. 三防范　　C. 新设备　　D. 新方案

26. “四个管住”就是紧紧围绕这四个要素，综合运用管理和技术手段，在关键环节协同发力、严格管控，切实规范施工作业组织管理，实现作业风险全过程（　　）。

A. 可控　　B. 能控　　C. 在控　　D. 严控

27. 合理制定风险控制措施，实现风险的超前预防和事故防范关口前移，为（　　）提供管理和资源的源头保障。

A. 管住队伍　　B. 管住人员　　C. 管住现场　　D. 管住计划

28. 管住队伍就是充分运用（　　）手段，对施工队伍实行作业全过程安全资信评价，全面实施“负面清单”“黑名单”管控。

A. 法治化　　B. 市场化　　C. 系统化　　D. 科学化

29. 通过建立（　　）的安全准入和退出机制，对施工队伍实行作业全过程安全资信评价，全面实施“负面清单”“黑名单”管控，对安全记录不良的队伍采取停工、停标等处理措施，把真正懂管理、有技术、有能力的队伍留在作业现场，为“管住现场”提供基础保障。

A. 公平　　B. 公正　　C. 公开　　D. 科学

30. 管住人员就是通过建立完善的人员（　　）等制度规范体系，对各类作业人员实施严格的安全准入考试、违章记分管控和安全激励约束，强化全方位、全过程的监督管理。

A. 安全准入　　B. 评价　　C. 奖惩　　D. 退出

31. 管住现场就是在管住计划、管住人员、管住队伍的基础上，通过发挥专业保证和监督体系协同管控作用，强化作业现场技术管控，提升（　　）作业能力。

A. 标准化　　B. 机械化　　C. 系统化　　D. 现代化

32. 依托安全生产风险管控平台和各级安全管控中心，应用数字化智能管控手段，强化对作业现场的（　　）监督管控，确保管控措施有效落实。

A. 全过程　　B. 全覆盖　　C. 全方位　　D. 全时段

33. 健全作业风险分级管控机制，发挥专业管控作用，持续强化作业组织管理，严审作业方案可行性，规范开展风险（　　），分级制定管控措施，明确到岗到位人员。总部、省（市）公司级单位以周安全风险管控督查工作机制为抓手，规范组织督查例会，严抓作业风险管控的组织管理。

A. 组织管理　　B. 分析辨识　　C. 专业管控　　D. 评估定级

34. 规范开展作业计划和风险公示告知，实现作业风险的全面公示、全员告知和全程监督，确保每名作业人员掌握（　　）。

A. 工作内容　　B. 责任分工　　C. 风险因素　　D. 管控措施

35. 依托安全生产风险管控平台，建立健全作业队伍安全资信数据库，在进场前对外部施工队伍实施安全资信（　　）管理，对外包队伍开展常态化考察，把好队伍安全准入关。

A. 审核　　B. 准入　　C. 评估　　D. 报备

36. 依托安全生产风险管控平台等信息系统，动态建立作业人员名册，全面实行实名制管理。在进场作业前，对所有作业人员严格实施安全准入考试、资格能力审查，坚决防止（　　）的人员进入施工现场，严防作业人员盲目作业。

A. 安全意识不强　　B. 安全记录不良

C. 能力不足　　D 安全失职

37.（　　）实施安全技能等级认证，狠抓“三种人”等关键人员能力素质提升。

A. 分层分级　　B. 分专业　　C. 分岗位　　D. 分时段

38. 制作事故警示和标准化作业示范视频片，应用在线培训、现场培训和体验式培训等手段，强化进场作业人员（　　）使用、事故应急处置培训，切实增强安全作业能力。

A. 规程规范　　B. 施工技术　　C. 施工机具　　D. 安全工器具

39. 动态开展现场作业人员资质、证照核查，推行人员违章记分，实施全员安全资信记录和人员安全“负面清单”管控，将安全记录与员工绩效考核、外包人员安全资信评价挂钩，对（　　）的作业人员，及时清理出场。

A. 作业水平低　　B. 反复违章

C. 安全素质能力严重不足　　D. 学历水平低

40. 充分运用“四不两直”“远程+现场”等督查方式，强化现场安全督查，严肃（　　）各类违章行为。

A. 查纠　　B. 曝光　　C. 考核　　D. 记分

（三）判断题（共40道）

1. 作业状态准确率指标的统计方式为人工抽查。（　　）

2. 队伍准入情况核查指标的统计方式为人工抽查。（　　）

3. 队伍准入情况核查指标的评价目标为评价作业计划关联队伍是否准入。（　　）

4. 纳入负面清单的外包单位指标的评价方式为统计各单位作业计划状态情况。（　　）

5. 作业状态准确率指标的评价目标为每评价作业计划是否正常执行并及时上传工作进展状态。（　　）

6. 作业状态准确率指标的评价方式为统计各单位作业计划状态情况。（　　）

7. 外包单位违章数量排名指标的评价目标为每周通报各单位违章数量排名第一的外包单位名称。（　　）

8. 外包单位违章数量排名指标的评价方式为每月通报，不考核。（　　）

9. 可以通过检查人员安全教育培训、考试台账，体检报告，交底记录等督查方法查现场作业人员（含主业、省管产业、分包人员、厂家配合人员）是否经准入合格。（　　）

10. 管住现场就是在管住计划、管住人员、管住队伍的基础上，通过发挥专业保证和监督体系协同管控作用，强化作业现场技术管控，提升标准化、机械化作业能力。（　　）

11. 现场督查是充分运用“四不两直”“远程+现场”等督查方式，强化现场安全督查，严肃查纠、曝光、考核各类违章行为。（　　）

12. 事故紧急抢修工作，指电气设备发生故障被迫紧急停止运行，需按计划恢复的抢修和排除故障的工作。（　　）

13. 新参加电气工作的人员、实习人员和临时参加劳动的人员（管理人员、非全日制用工等），应经过安全知识教育后，方可到现场单独工作。（　　）

14. 作业人员在发现直接危及人身、电网和设备安全的紧急情况时，有权停止作业或者在采取可能的紧急措施后撤离作业场所，并立即报告。（　　）

15. 在试验和推广新技术、新工艺、新设备、新材料的同时，应制定相应的安全措施，经本单位分管生产的领导（总工程师）批准后执行。（　　）

16. 低压电气设备电压等级为1000V以下。（　　）

17. 高压电气设备电压等级为在1000V以上。（　　）

18. 习近平总书记多次强调，要树牢安全发展理念，坚持发展绝不能以牺牲人的生命为代价，要始终将安全生产放在首要位置，切实维护人民群众生命财产安全。（　　）

19. 分析近十年以来公司发生的较大人身事故，50%发生在外包集中的施工领域，暴露出作业计划、队伍人员和现场失控等一系列问题。（　　）

20.“四个管住”即“管住计划、管住队伍、管住人员、管住现场”，其四个要素（计划、队伍、人员、现场）彼此联系、相互融合。（　　）

21. 人员是作业风险管控的源头，队伍是保障现场作业安全的基础。（　　）

22. 计划是作业风险管控措施落实的关键，现场是风险管控和安全措施聚焦的核心。（　　）

23. 管住人员是源头，人员管理是建立和维持良好生产作业秩序的前提。（　　）

24. 计划管理是建立和维持良好生产作业秩序的前提。（ ）

25. 管住计划就是要求各级管理人员抓牢作业计划这一龙头，通过严格的计划管控，做到对作业组织管理的超前谋划、超前准备。（ ）

26. 计划是现场作业和管控措施执行的主体，也是作业风险管控最关键因素。（ ）

27. 现场是队伍、人员、物资等生产要素和计划、组织、实施等管理行为动态交汇的场所，也是作业风险管控的落脚点。（ ）

28. 管住计划就是在管住现场、管住人员、管住队伍的基础上，通过发挥专业保证和监督体系协同管控作用，强化作业现场技术管控，提升标准化、机械化作业能力。（ ）

29. 按照作业计划全覆盖的原则，将各类作业计划纳入管控范围，应用移动作业手段精准安排作业任务，坚决杜绝无计划作业。（ ）

30. 作业单位以作业人员为依据，按照现场勘察实际，开展管理和作业人员承载力分析，统筹平衡人力、物力等基础资源。（ ）

31. 总部、省（市）公司级单位以周安全风险管控督查工作机制为抓手，规范组织督查例会，严抓作业风险管控的组织管理。（ ）

32. 严防资质挂靠，严禁资质不全、资信不良队伍入网作业，严禁超承载力承接工程。（ ）

33. 严格落实工程建管单位、项目管理单位责任，强化安全监督检查，及时曝光处置作业队伍的不安全行为。（ ）

34. 建立健全“约谈”“说清楚”等过程管控制度，依据违章记分、安全记录等评价结果，对作业队伍安全管控情况进行动态纠偏。（ ）

35. 坚决剔除安全管理不合格、不满足要求的施工单位，倒逼施工作业单位从源头侧强化安全管理。（ ）

36. 依托安全生产风险管控平台等信息系统，动态建立作业人员名册，全面实行实名制管理。（ ）

37. 在进场作业前，对所有作业人员严格实施安全准入考试、资格能力审查，坚决防止安全意识不强、安全记录不良、能力不足的人员进入施工现场，严防作业人员盲目作业。（ ）

38. 制作事故警示和标准化作业示范视频，应用在线培训、现场培训和体验式培训等手段，强化进场作业人员规程规范、施工技术、施工机具和安全工

器具使用、事故应急处置培训，切实增强安全作业能力。（　）

39. 对作业水平低、反复违章、安全素质能力严重不足的作业人员，及时培训。（　）

40. 合理设置安全专项奖励，重点向管理人员、向承担高风险作业人员倾斜。（　）

（四）填空题（共20道）

1. 队伍准入情况核查指标的评价方式为每周抽查各单位________和队伍负面清单执行情况。

2. 外包单位违章数量排名指标的统计方式为________。

3. 工作票准确性指标的统计方式为________。

4. 准入队伍规范率指标的评价目标为________。

5. 队伍准入情况核查指标的评定标准：B 档为________。

6. 公司作为国家能源安全的中央企业，践行________理念更是责无旁贷。

7. 分析近十年以来公司发生的较大人身事故，90%发生在外包集中的施工领域，暴露出作业计划、队伍人员和________等一系列问题。

8. 计划是作业________的源头。

9. 队伍是保障现场________的基础。

10. 人员是作业风险管控措施________的关键。

11. 现场是风险管控和安全措施聚焦的________。

12.“四个管住”就是紧紧围绕这四个要素，综合运用________，在关键环节协同发力、严格管控，切实规范施工作业组织管理。

13. 管住计划是源头，计划管理是建立和维持良好生产作业秩序的________。

14. 各级管理者根据任务进展、作业风险情况，科学组织施工、管理等资源力量投入，针对性部署安全防范措施，实现对作业风险的________。

15. 合理制定风险控制措施，实现风险的________和事故防范关口前移，为“管住队伍、管住人员、管住现场”提供管理和资源的源头保障。

16. 队伍是作业组织实施的________，技术技能水平高、安全履责能力强的队伍是保障现场作业安全有序组织实施的基础。

17. 把真正懂管理、有技术、有能力的队伍留在作业现场，为“管住现场”提供________。

18. 以安全制度规范人、用监督管控约束人、拿安全绩效引导人，做到“________”合一，切实增强作业人员主动安全意识和能力，为“管住现场”提供关键保障。

19. 按照作业计划全覆盖的原则，将各类作业计划纳入管控范围，应用移动作业手段精准安排作业任务，杜绝________。

20. 严格落实工程建管单位、项目管理单位责任，强化________，及时曝光处置作业队伍的不安全行为。

二、四个管住中阶题库（共 400 道）

学习对象

- 宁夏本地一线人员

学习目标

- 掌握计划、队伍、人员和现场管控的方法要求
- 掌握安全组织措施和技术措施的主要内容
- 掌握安全工器具使用方法

涉及知识点

计划编制、协调、审核、发布；队伍及人员资质审核、记分管理；现场安全督查、到岗到位；安全组织措施、安全技术措施、安全工器具使用等

（一）单选题（共 120 道）

1. 公司总部的（　　）负责建立健全作业风险管控工作监督机制，组织作业风险管控工作监督、检查、评价、考核，牵头组织总部风险管控工作督查会议。

A. 设备部　　B. 营销部　　C. 基建部　　D. 安监部

2.（　　）负责组织实施作业风险管控工作，编制并上报作业计划。

A. 项目部　　B. 营销部　　C. 安监部　　D. 基建部

3. 各单位的作业任务应统筹考虑月度停电计划、管理和作业承载能力等情况，按（　　）进行平衡安排。

A. 日　　B. 周　　C. 月　　D. 年

4. 作业风险根据不同类型工作可预见安全风险的可能性、后果严重程度，从高到低分为（　　）。

A. 一到三级　　B. 一到四级　　C. 一到五级　　D. 一到十级

5. 一级风险作业不得直接实施，必须通过组织、技术措施降为（　　）及以下风险后方可实施。

A. 二级　　B. 三级　　C. 四级　　D. 五级

6. 四、五级风险作业，风险管控措施应由（　　）机构组织审核。

A. 二级　　B. 三级　　C. 四级　　D. 五级

7. 省公司级单位专业管理部门对本专业（　　）风险作业进行备案和审查。

A. 二级　　B. 三级　　C. 四级　　D. 五级

8. 地市（县）公司级单位作业风险内容由安监部门汇总后在（　　）进行公示。

A. 醒目位置　　B. 公告栏

C. 办公室门口　　D. 本单位网页公告栏内

9. 工作票（作业票）签发人或工作负责人对有触电危险、施工复杂容易发生事故的作业，应增设（　　）。

A. 专责负责人　　B. 工作许可人

C. 专责监护人　　D. 特种作业人员

10. 各级单位应建立健全生产作业到岗到位管理制度，明确到岗到位标准和工作内容，实行（　　）管理。

A. 分层分级　　B. 独立自主　　C. 统一全面　　D. 交叉监督

11.（　　）级风险作业，相关地市级单位或建设管理单位专业管理部门、县公司级单位负责人或管理人员应到岗到位。

A. 一级　　B. 二级　　C. 三级　　D. 五级

12.（　　）级风险作业，相关地市级单位或建设管理单位分管领导或专业管理部门负责人应到岗到位。

A. 一级　　B. 二级　　C. 三级　　D. 五级

13.（　　）级单位对所辖范围内的作业现场开展全覆盖督查。

A. 县公司　　B. 地市公司　　C. 省公司　　D. 市公司

14. 配网工程施工、信息、通信和营销作业等仍按照公司（　　）内典型生产作业风险规定级库标准进行风险定级。

A.《作业安全风险管控工作规定》

B.《关于进一步加强生产现场作业风险管控工作的通知》

C.《作业安全风险管控工作通知》

D.《国家电网有限公司作业安全风险管控工作规定》

15. 自（　　）起，各单位设备专业生产作业（不含配网工程）风险评估定级工作，统一执行设备部相关专业作业风险分级标准。

A. 2022 年 2 月 21 日　　B. 2022 年 2 月 22 日

C. 2022 年 2 月 25 日　　D. 2022 年 2 月 28 日

16. 各单位可根据作业区域、作业内容、气候条件、工机具使用等实际情况，对可能造成人身、电网、设备事故的现场作业风险等级进行（　　）调整，提高风险管控的针对性和有效性。

A. 降级　　B. 等级　　C. 及时　　D. 提级

17. 按照设备检修流程提炼关键工序，综合考虑人身风险、工艺技术难度，确定每个关键工序的（　　），并针对性制定管控措施，形成检修工序风险库。

A. 高、中、低难度　　B. 高、中、低难度分级

C. 高、中、低风险　　D. 高、中、低风险分级

18. 深化数字化应用，加快检修先进技术手段在检修作业中应用，合理配置人力和装备资源，推动“人工为主”向“人少作业”转变，实现（　　），

切实提高现场检修作业的安全和质效。

A. 作业风险降级　　B. 无风险作业

C. 低风险作业　　D. 作业风险提级

19. 换流站的检修计划由超高压公司设备管理部门组织编制，报送省公司设备部完成检修计划的审核、批准，并将（　　）报送国网设备部。

A. Ⅰ级检修计划　　B. Ⅱ级检修计划

C. Ⅰ、Ⅱ级检修计划　　D. 检修计划

20. 各单位应在检修计划编制的同时，同步开展相关配套技改大修项目的立项申报，明确（　　），落实项目外包和自主实施相关要求。

A. 项目管理方式　　B. 项目实施管理方式

C. 项目内容　　D. 项目申报明细

21. 停电计划发布后，省公司设备部在（　　）前将下年度Ⅰ、Ⅱ级检修计划统计表报送国网设备部备案，超高压公司设备管理部门将Ⅲ级检修计划统计表报送省公司设备部备案。

A. 6 月底　　B. 10 月底　　C. 11 月底　　D. 12 月底

22. 换流站内各类（　　）工作均应纳入检修计划进行管控，严禁无计划作业。

A. 停电作业　　B. 不停电作业

C. 用电作业　　D. 停电及不停电作业

23. 检修计划下达后，要切实刚性执行，原则上（　　）。

A. 不得进行调整　　B. 可进行调整

C. 可进行适当调整　　D. 根据具体情况具体调整

24. Ⅰ、Ⅱ级检修方案由省公司设备部组织编制，检修项目实施前（　　）日完成。

A. 7　　B. 10　　C. 20　　D. 30

25. Ⅲ级检修方案由超高压公司（直流公司）设备管理部门组织编制，检修项目实施前（　　）日完成。

A. 7　　B. 10　　C. 20　　D. 30

26. Ⅴ级检修方案由班组组织编制，检修项目实施前（　　）日完成，换流站审查批准。

A. 3　　B. 7　　C. 20　　D. 30

27.（　　）级检修应包括编制依据、工作内容、组织措施、安全措施、技术措施、物资采购保障措施、进度控制保障措施、检修验收要求等内容。

A. Ⅰ　　B. Ⅱ　　C. Ⅲ　　D. Ⅰ～Ⅲ

28. 省公司分管领导或设备部负责人，超高压公司（直流公司）分管领导、设备管理部门负责人应到岗到位，是（　　）级检修到岗到位要求。

A. Ⅰ　　B. Ⅱ　　C. Ⅲ　　D. Ⅰ、Ⅱ

29. Ⅰ、Ⅱ级检修总结报告由省公司设备部组织超高压公司（直流公司）编制，检修项目竣工后15日内完成，（　　）日内报送国网设备部备案。

A. 7　　B. 15　　C. 20　　D. 30

30. Ⅲ级检修总结报告由超高压公司（直流公司）设备管理部门组织换流站编制，检修项目竣工后（　　）日内完成。

A. 7　　B. 15　　C. 20　　D. 30

31. 国网设备部（　　）对Ⅰ、Ⅱ级检修管理要求的落实情况进行检查考核，省公司设备部每年对所辖范围内Ⅰ～Ⅲ级检修的管理要求落实情况进行检查考核。

A. 每三个月　　B. 每半年　　C. 每年　　D. 每两年

32. 检查考核采用（　　）与现场检查相结合的方式开展。

A. 资料评审　　B. 检修管理　　C. 检查考核　　D.“陪停检修”

33. 通过检查考核，督促各单位严格落实检修管理要求，结合实际执行情况对（　　）风险管控体系进行完善，推动现场作业风险管控水平不断提升。

A. 各环节　　B.“一表一库”

C.“五级五控”　　D.“陪停检修”

34.（　　）的检修（抢修）计划由超高压公司、地市公司设备管理部门组织编制，省公司设备部审核、批准。

A. 110kV 及以上　　B. 110kV 及以上

C. 220kV 及以下　　D. 220kV 及以上

35. 事故应急处理期间的倒闸操作作业，其风险等级、到岗到位、远程督查等均应提（　　）管控。

A. 一级　　B. 二级　　C. 三级　　D. 四级

36. 聚焦各类运行方式转换的特点，综合其操作的技术难度，将复杂程度从高至低依次分为（　　）级。

A. Ⅰ～Ⅱ　B. Ⅰ～Ⅲ　C. Ⅰ～Ⅳ　D. Ⅰ～Ⅴ

37.（　）倒闸操作作业风险全过程管控，由超高压（直流）公司运检部负责组织实施。

A. Ⅰ、Ⅱ级　B. Ⅰ、Ⅱ、Ⅲ级

C. Ⅲ、Ⅳ级　D. Ⅰ～Ⅴ级

38. 班组应根据分级表及提级管控原则，对倒闸操作任务进行（　），并报送换流站负责人或管理人员。

A. 定级　B. 初步定级　C. 分类　D. 初级分类

39. 电缆直埋敷设作业的风险等级为（　）。

A. 二级　B. 三级　C. 四级　D. 五级

40. 35 千伏及以上一次设备耐压试验的风险因素为（　）。

A. 触电　B. 高处坠落　C. 机械伤害　D. 物体打击

41. 设备检修时，工作人员与带电部位的安全距离（　）规定值，造成人员触电。

A. 大于　B. 小于　C. 大于等于　D. 小于等于

42. 各级安监部门应将作业（　）纳入日常督查工作内容。

A. 风险评估工作　B. 随意变更作业计划

C. 无计划作业　D. 风险管控工作

43. 地市级单位每周由副总师及以上负责同志主持、安监部门牵头召开督查会议，对本单位作业风险管控情况，各专业（　）级及以上作业风险评估定级、管控措施制定等进行督查。

A. 一　B. 二　C. 三　D. 四

44. 总部每周应由安全总监主持、安监部门牵头召开督查会议，抽查各省公司级单位风险管控工作开展情况，对国调中心管辖范围内的主网停电计划、重点工程涉及的（　）级作业风险管控情况进行督查。

A. 一　B. 二　C. 三　D. 四

45. 公司总（分）部职责中各分部协同做好管辖区域内作业（　）督导检查工作。

A. 风险管控　B. 风险分析　C. 安全管理　D. 事故防范

46. 地市（县）公司级单位职责中，（　）负责建立健全本单位作业风险评估、管控及督查工作机制。

A. 基建部门　　B. 管理部门　　C. 安监部门　　D. 行政部门

47. 作业计划按照“谁管理、谁负责”的原则实行（　　）管理。

A. 全面统一　　B. 分层分级　　C. 分类独立　　D. 独立自主

48. 变电检修作业中110kV及以上变电站全站集中检修、220kV及以上母线检修的风险等级为（　　）级。

A. 二　　B. 三　　C. 四　　D. 五

49. 变电检修作业中（　　）kV 以下电网“新技术、新工艺、新设备、新材料”应用的首次作业的风险等级为三级。

A. 35　　B. 110　　C. 220　　D. 380

50. 下列作业的风险等级是五级的是（　　）。

A. 输电带电作业中35kV及以上不涉及交叉跨越带电线路的带电作业(除地电位作业项目外)。

B. 配电（低压）施工作业中配电电缆沟、井及配电柜、屏基础施工及起重作业。

C. 配电检修作业中接户、进户计量装置上的不停电作业。

D. 配电（低压）施工作业中开闭所、配电室、环网柜等配电设备机构检修、更换工作。

51. 配电检修作业中配电二次设备传动、试验及保护定值整定、检查的风险因素是（　　）。

A. 机械伤害　　B. 触电　　C. 电网事故　　D. 误操作

52. 配电检修作业中在调度室、通信机房等（　　）动火区域开展动火作业的风险因素是火灾、爆炸、中毒、窒息。

A. 特级　　B. 一级　　C. 二级　　D. 三级

53. 挖掘电缆沟的危险因素是（　　）。

A. 操作不规范、措施不当，导致物体打击

B. 安全措施不当，导致伤人

C. 人员绊伤、摔伤、传动挤伤

D. 导线失控伤人

54. 特殊环境作业中会发生的危险因素有（　　）。

A. 焊、割工作中防护措施不当，造成人员高处坠落。

B. 无操作票或操作票错误，造成误操作。

C. 夜晚高处作业，工作场所照明不足，导致事故。

D. 吊车起重作业措施不当失控伤人，造成人员伤害。

55. 变电现场到岗到位分级表中县公司级单位负责人、管理人员必要时到岗到位的是（　　）检修。

A. Ⅰ级　　B. Ⅱ级　　C. Ⅲ级　　D. Ⅳ级

56. 公司总部中的（　　）负责制定公司业务外包安全监督管理办法；组织开展业务外包安全监督检查；指导各省级单位开展业务外包安全监督管理工作。

A. 国网安质部　　B. 国网物资部

C. 国网法律部　　D. 其他专业部门

57. 公司总部中的（　　）负责将承包单位安全资信报备纳入公司采购工作统筹管理，负责组织落实“黑名单”管理相关要求。

A. 国网安质部　　B. 国网物资部

C. 国网法律部　　D. 其他专业部门

58. 公司总部中的（　　）负责公司业务外包安全监督管理有关规章制度和“黑名单”管理合法合规性审核。

A. 国网安质部　　B. 国网物资部

C. 国网法律部　　D. 其他专业部门

59. 公司总部中的（　　）负责本专业业务外包安全管理；组织开展本专业业务外包安全工作的检查、评价和考核。

A. 国网安质部　　B. 国网物资部

C. 国网法律部　　D. 其他专业部门

60. 省公司级单位的（　　）负责管理本单位范围内承包单位安全资信、“黑名单”和“负面清单”；管理应用公司外包安全资信系统。

A. 其他专业部门　　B. 国网物资部

C. 国网法律部　　D. 国网安质部

61. 承包单位登记信息由（　　）负责核实，统一在公司外包安全资信系统进行发布，在公司系统共享。

A. 发包单位　　B. 承包单位

C. 本单位班组　　D. 监督单位

62.（　　）应将采取劳务外包或劳务分包项目的劳务人员纳入本单位班

组进行安全管理，负责对其进行岗位安全操作规程和安全技能培训考试。

A. 发包方　B. 承包方　C. 监督方　D. 安全管理方

63. 承包单位进场施工作业人员应保持稳定，上岗时应佩戴（　）。

A. 工作证　B. 安全许可证　C. 入场资格证　D. 本人“胸卡”

64. 采取劳务外包或劳务分包的项目，所需施工作业安全方案、工作票或安全施工作业票等必须由（　）负责。

A. 发包方　B. 承包方　C. 监督方　D. 安全管理方

65. 采取劳务外包或劳务分包的项目，所需机具设备、工器具由（　）负责配备，并安排有经验、有资质人员负责操作施工机械、起重设备等关键设备。

A. 发包方　B. 承包方　C. 监督方　D. 安全管理方

66. 在生产运行场所施工作业，应严格执行工作票制度，并实行（　）。

A. 实时签发　B. 无需签发　C. 单签发　D. 双签发

67. 对于列入“负面清单”管理后未按要求整改，或屡次发生应列入“负面清单”管理情形的承包单位，发包单位可将其列入（　）管理。

A.“黑名单”　B. 重新考核　C. 开除　D. 停工整顿

68. 公司各级单位对在业务外包工作中不严格落实《国家电网公司业务外包安全监督管理办法》的（　）进行考核。

A. 发包单位　B. 承包单位　C. 本单位班组　D. 监督单位

69. 根据国家及公司有关规定，《国家电网公司业务外包安全监督管理办法》的外包项目有（　）种外包方式。

A. 四　B. 五　C. 六　D. 七

70. 外包项目发生（　）事故，按照国家有关法律法规和公司事故调查处理有关规定执行。

A. 安全质量　B. 违章作业　C. 人身　D. 设备

71.（　）应组织开展外包项目安全检查、隐患排查、风险预警管控等工作，督促承包单位履行安全职责、加强安全管理、落实安全措施，确保外包项目实施处于安全可控状态。

A. 发包单位　B. 承包单位　C. 本单位班组　D. 监督单位

72.（　）应根据国家有关法律法规、公司有关管理规定以及承包合同及安全协议，认真编制施工作业安全方案，并报监理单位、发包单位进行审核通过后严格执行。

A. 发包单位　　B. 承包单位　　C. 本单位班组　　D. 监督单位

73. 采取劳务外包或劳务分包的项目，劳务人员个人安全防护用品、用具由（　　）提供，承包单位对使用维护负责。

A. 发包方　　B. 承包方　　C. 监督方　　D. 安全管理方

74. 在生产运行场所施工作业，发包单位应事先向承包单位进行专项安全技术交底，组织（　　）制定安全措施。

A. 发包方　　B. 承包方　　C. 监督方　　D. 安全管理方

75.（　　）应落实安全监理职责，严格审查承包单位编制的施工作业安全方案并监督实施。

A. 发包单位　　B. 监理单位　　C. 承包单位　　D. 监督单位

76. 列入Ⅱ级“黑名单”的承包单位三个月至一年内禁入相应省公司级单位范围内承揽外包项目，其项目负责人在相应省公司级单位范围内（　　）年内不能担任外包项目负责人或安全生产管理人员。

A. 一　　B. 二　　C. 三　　D. 四

77.《国家电网公司业务外包安全监督管理办法》由国网（　　）负责解释并监督执行。

A. 安质部门　　B. 物资管理部门

C. 业务部门　　D. 市场部门

78. 省公司级单位职责中，负责组织落实本专业业务外包安全管理要求的部门是（　　）。

A. 安质部门　　B. 物资部门

C. 法律事务部门　　D. 其他专业部门

79.（　　）应对外包项目的承包单位明确提出安全资信要求和安全条件，并进行审查。

A. 建管单位　　B. 监理单位　　C. 发包单位　　D. 企业单位

80. 施工作业队伍超过（　　）人的应配有专职安全员。

A. 15　　B. 20　　C. 25　　D. 30

81. 按照国家有关安全生产费用投入和使用管理规定，外包项目概算应当单独计列（　　），不得在投标中列入竞争性报价。

A. 安全生产费用　　B. 安全施工费用

C. 安全保障费用　　　　　　　　　　D. 劳动保护费用

82. 承包合同及安全协议签订后，（　　）应组织承包单位在公司外包安全资信系统中登记所承包项目及其项目管理人员信息。

A. 建管单位　　B. 监理单位　　C. 发包单位　　D. 企业单位

83. 承包单位进场管理人员应与承包合同及安全协议上明确的人员一致，如不一致，应书面请示（　　）同意后方可更换。

A. 监理单位　　B. 代理单位　　C. 承包单位　　D. 发包单位

84. 到生产运行场所施工作业的承包单位相关人员《电力安全工作规程》考试合格后，经（　　）单位认可方可进场开展工作。

A. 安质部门　　　　　　　　　　B. 设备运维管理

C. 设备主管部门　　　　　　　　D. 监督管理部门

85. 承包单位的项目负责人、专职安全生产管理人员、特殊工种人员等核心人员变动必须报（　　）批准，并同步更新登记信息。

A. 监理单位　　B. 代理单位　　C. 发包单位　　D. 建管单位

86.（　　）（如有）应落实安全监理职责，严格审查承包单位编制的施工作业安全方案并监督实施。

A. 监理单位　　B. 发包单位　　C. 承包单位　　D. 代理单位

87.（　　）管理是对安全事故（件）负有主要责任的承包单位及其项目负责人在公司一定范围和时段内禁入。

A.“清除”　　B.“黑名单”　　C.“负面清单”　　D.“说清楚”

88. 列入Ⅰ级“黑名单”的承包单位（　　）禁入国家电网公司系统承揽外包项目，其项目负责人在国家电网公司系统（　　）不得担任外包项目负责人或安全生产管理人员。

A. 永久；永久　　　　　　　　　B. 两个月至一年；三年内

C. 三个月至一年；两年内　　　　D. 一年内；一年内

89. 需将承包单位及相应项目负责人纳入Ⅲ级“黑名单”的情况是（　　）。

A. 发生负有主要责任的六级电网事件。

B. 发生负有主要责任的直接经济损失50万元以上500万元以下火灾事故。

C. 发生负有主要责任的直接经济损失10万元以上50万元以下火灾事故。

D. 发生负有主要责任的直接经济损失500万元以上火灾事故。

90.“黑名单”由发包单位安质部门收到（或形成）事故（件）调查报告

后（　　）内，依据报告结论起草“黑名单”。

A. 三日　　B. 四日　　C. 五日　　D. 六日

91.（　　）可以全部自行施工，也可以依法进行专业分包或劳务分包。

A. 监理单位　　B. 发包单位　　C. 承包单位　　D. 代理单位

92.（　　）是指发包单位（建设单位）将全部工程项目施工发包给具备相应资质的承包单位。

A. 专业分包　　B. 劳务分包　　C. 专业外包　　D. 施工总承包

93.（　　）是指发包单位（施工单位）将其承包工程项目非主体工程施工发包给具备相应资质的承包单位，承包单位自行组织施工，完成非主体工程施工任务。

A. 专业分包　　B. 劳务外包　　C. 专业外包　　D. 施工总承包

94. 承包单位“黑名单”分为（　　）级

A. Ⅰ、Ⅱ、Ⅲ、Ⅳ、Ⅴ、Ⅵ　　B. Ⅰ、Ⅱ、Ⅲ、Ⅳ、Ⅴ

C. Ⅰ、Ⅱ、Ⅲ、Ⅳ　　D. Ⅰ、Ⅱ、Ⅲ

95. 作业开始前，工作负责人应提前核实特种作业人员是否（　　）。

A. 具备安全准入资格　　B. 持证上岗

C. 具有工作许可证　　D. 已办理工作许可手续

96. 110kV及以下的检修计划由县公司级单位组织编制，地市级单位设备管理部门负责（　　）。

A. 批准、执行　　B. 审核、批准

C. 审核、执行　　D. 审核、分发

97. 在变电倒闸操作的Ⅴ级风险倒闸操作中，母线、主变操作，（　　）应到岗到位。

A. 县公司管理人员　　B. 县公司级单位负责人员

C. 省公司专业管理部门　　D. 班组管理人员

98. 在直流倒闸操作的Ⅳ级风险倒闸操作中，（　　）应到岗到位。

A. 县公司级单位管理人员　　B. 县公司级单位负责人员

C. 换流站负责人或管理人员　　D. 班组管理人员

99.（　　）是适用于从事接触和配制酸类物质作业人员穿戴的具有防酸性能的工作服。

A. SF_6防护服　　B. 耐酸服　　C. 绝缘防护服　　D. 静电防护服

100. 防火服是消防员及高温作业人员近火作业时穿着的防护服装，用来对其上下躯干、头部、手部和脚部进行（　　）防护。

A. 隔热　　B. 隔火　　C. 隔烧　　D. 隔烫伤

101. 绝缘隔板又称绝缘挡板，一般应具有很高的绝缘性能，它可与（　　）及以下的带电部分直接接触，起临时遮栏作用。

A. 220kV　　B. 110kV　　C. 66kV　　D. 35kV

102.（　　）是由绝缘材料制成，用于防止作业人员带电作业时身体触电的服装。

A. 绝缘服装　　B. 静电防护服　　C. 作业工作服　　D. 耐酸服

103. 带电作业用绝缘手套是由（　　）或绝缘合成材料制成，在带电作业中用于防止工作人员手部触电的手套。

A. 胶皮　　B. 绝缘胶皮　　C. 绝缘橡胶　　D. 橡胶

104. 绝缘托瓶架是用绝缘管或棒组成，用于对（　　）进行操作的装置。

A. 杆塔　　B. 导线　　C. 绝缘子串　　D. 横担

105. 静辅助型绝缘靴（鞋）是由特种橡胶制成的、用于人体与（　　）辅助绝缘的靴（鞋）子。

A. 杆塔　　B. 导线　　C. 带电体　　D. 地面

106.（　　）是用钢或合金材料制作的攀登电杆的工具。

A. 连接器　　B. 脚扣　　C. 安全带　　D. 差速器

107. 纤维类安全工器具纤维类安全工器具应放在干燥、通风、避免阳光直晒、无腐蚀及有害物质的位置，并与热源保持（　　）以上的距离。

A. 0.2m　　B. 0.5m　　C. 0.8m　　D. 1m

108.（　　）应保持清洁，保持防静电性能，使用后用软毛刷、软布蘸中性洗涤剂刷洗，不可损伤服料纤维。

A. 静电防护服装　　B. 屏蔽服装

C. 绝缘防护服　　D. SF_6 防护服

109. 绝缘垫（毯）应贮存在专用箱内，对潮湿的绝缘垫（毯）应进行干燥处理，但干燥处理的温度不能超过（　　）。

A. 80℃　　B. 65℃　　C. 85℃　　D. 70℃

110. 使用梯子时，梯子与地面的夹角应为（　　）左右，工作人员必须在距梯顶 1m 以下的梯蹬上工作。

A. 60° B. 45° C. 30° D. 35°

111. 现场安全督查计划按照（ ）原则执行。

A. 月计划、周安排 B. 周计划、日安排

C. 年计划、月安排 D. 年计划、日安排

112. 检查作业人员安全帽、工作服、绝缘鞋等是否合格、正确佩戴属于（ ）督查项目。

A. 管住人员 B. 管住队伍 C. 管住现场 D. 管住计划

113. 督查人员应检查在（ ）及以上大风天气下，是否停止露天高处作业。

A. 3 级 B. 4 级 C. 5 级 D. 6 级

114. 起重作业时，应检查吊车、起重机械等，是否装设接地线，其截面积是否大于（ ）。

A. $16mm^2$ B. $14mm^2$ C. $12mm^2$ D. $18mm^2$

115. 晶闸管试验时，应检查与试验带电体距离是否大于（ ）。

A. 0.5m B. 0.6m C. 0.7m D. 0.8m

116. 变电器安装时，应检查变压器底部距离地面的高度是否大于（ ）。

A. 1.5m B. 2m C. 2.5m D. 3m

117. 索道运输时，应检查索道支架是否稳固，支架拉线对地夹角是否超过（ ）。

A. 30° B. 45° C. 50° D. 35°

118. 用电管理中，应检查室外 220V 灯具距地面是否大于（ ），室内 220V 灯具距地面是否大于（ ）。

A. 3m；2.5m B. 2m；2.5m C. 3m；2m D. 2.5m；3m

119. 高处作业时，应检查使用单梯时梯面是否与水平面成（ ）。

A. 35° B. 45° C. 65° D. 75°

120. 吊车站内行驶时，车辆外廓与 220kV 带电部位应保持的安全距离为（ ）。

A. 大于 2.55m B. 大于 1.15m

C. 大于 1.65m D. 大于 0.95m

（二）多选题（共100道）

1. 现场安全督查是指公司系统各级安全督查队伍对各单位、各类作业现场开展的（　　）等现场安全监督检查工作。

A. 安全检查　　B. 违章查处　　C. 督促整改　　D. 安全督查

2. 《国家电网有限公司现场安全督查工作规范（试行）》适用于（　　）。

A. 各省供电公司

B. 各市供电公司

C. 各县供电公司

D. 省公司所属建设、施工、检修、信通公司

3. 各单位负责安全督查队建设、管理工作，负责制定本单位安全督查要点、实施细则和违章记分标准，为安全督查工作提供（　　）保障。

A. 安全　　B. 人员　　C. 资金　　D. 装备

4. 安全督查人员应熟悉（　　）。

A. 安全生产相关专业知识　　B. 安全生产规章制度

C. 安全检查作业知识　　D. 现场作业流程

5. 各单位应为安全督查队配备的装备包括（　　）。

A. 督查车辆　　B. 办公用品　　C. 照相机　　D. 执法记录仪

6. 《违章整改通知单》的（　　）等流程应纳入平台管控。

A. 审核　　B. 下发　　C. 整改反馈　　D. 编制

7. 在直流现场的（　　）检修中要求省公司分管领导或设备部负责人，超高压公司（直流公司）分管领导、设备管理部门负责人应到岗到位。

A. Ⅰ级　　B. Ⅱ级　　C. Ⅲ级　　D. Ⅳ级

8. 对发生严重违章或多次发生违章的人员，各单位应采取（　　）等措施，经考试合格后方可重新参与现场作业。

A. 停工培训　　B. 待岗处理　　C. 禁入现场　　D. 禁止作业

9. 安全督查队要重点检查现场作业人员（　　）落实情况。

A. 安全文明施工　　B. 安全要求执行

C. 到岗到位　　D. 安全作业

10. 质量监督指标应综合反映公司在（　　）等方面的整体质量情况。

A. 电网建设　B. 电网运行　C. 供电服务　D. 用电用户

11. 安全工器具必须符合国家和行业有关安全工器具的（　　）以及公司相应规程规定的要求。

A. 法律　B. 法规　C. 强制性标准　D. 技术规程

12. 应进行预防性试验的安全工器具包括（　　）。

A. 规程要求进行试验的安全工器具

B. 新购置和自制安全工器具使用前

C. 检修后或关键零部件经过更换的安全工器具

D. 对其机械、绝缘性能产生疑问或发现缺陷的安全工器具

13. 安全工器具出现（　　）情况时，可即予以报废。

A. 经试验或检验不符合国家或行业标准的

B. 超过有效使用期限，不能达到有效防护功能指标的

C. 外观检查明显损坏影响安全使用的

D. 安全工具器有污渍

14. 安全工器具分为（　　）。

A. 个体防护装备　B. 绝缘安全工器具

C. 登高工器具　D. 安全围栏（网）和标识牌

15. 个体防护装备包括但不限于（　　）。

A. 防护眼镜　B. 自吸过滤式防毒面具

C. 连接器　D. 安全网

16. 安全帽由（　　）组成。

A. 帽壳　B. 帽衬　C. 下颏带　D. 其他附件

17. 安全带是防止高处作业人员发生坠落或发生坠落后将作业人员安全悬挂的个体防护装备，一般分为（　　）。

A. 安全绳　B. 围杆作业安全带

C. 区域限制安全带　D. 坠落悬挂

18. 导轨自锁器是附着在（　　）导轨上，可随使用者的移动沿导轨滑动，因坠落动作引发制动的装置。

A. 刚性　B. 柔性　C. 延展性　D. 伸缩性

19. 安全网一般由（　　）等构件组成。

A. 网体　B. 边绳　C. 系绳　D. 网格

20. 安全网可分为（　　）。

A. 平网　　　　B. 立网

C. 密目式安全立网　　　　D. 疏目式安全立网

21. SF_6 防护服是避免作业人员遭受高压电器中的分解产物（　　）等有毒有害物质的伤害。

A. 氢氟酸　　B. 纯氧　　C. 二氧化硫　　D. 低氟化物

22. SF_6 防护服包括（　　）等。

A. 连体防护服　　　　B. SF_6 专用防毒面具

C. SF_6 专用滤毒缸　　　　D. 工作手套

23. 基本绝缘安全工器具大部分为带电作业专用绝缘安全工器具，包括（　　）等。

A. 电容型验电器　　　　B. 携带型短路接地线

C. 绝缘杆　　　　D. 绝缘遮蔽罩

24. 辅助绝缘安全工器具可以用于防止（　　）对操作人员的伤害。

A. 接触电压　　　　B. 跨步电压

C. 泄漏电流电弧　　　　D. 高压设备带电部分

25. 安全围栏（网）和标识牌安全围栏（网）包括（　　）等。

A. 安全警告牌　　B. 设备标示牌　　C. 锥形交通标　　D. 警示带

26. 橡胶塑料类安全工器具应存放在（　　）的环境下。

A. 干燥　　B. 通风　　C. 避光　　D. 有光

27. 空气呼吸器在贮存时应装入包装箱内，避免长时间曝晒，不能与（　　）共同贮存，严禁重压。

A. 油　　B. 酸　　C. 碱　　D. 其他有害物质

28. 环氧树脂类安全工器具应置于（　　）的场所保存。

A. 通风良好　　　　B. 清洁干燥

C. 避免阳光直晒　　　　D. 无腐蚀、有害物质

29. 验电器使用后应存放在（　　）内，置于通风干燥处。

A. 防潮盒　　　　B. 绝缘安全工器具存放柜

C. 遮光盒　　　　D. 安全工器具存放柜

30. 屏蔽服装应避免（　　），应包装在一个里面衬有丝绸布的塑料袋里，避免导电织物的导电材料在空气中氧化。整箱包装时，避免屏蔽服装受重压。

A. 阳光直射　B. 熨烫　C. 过渡折叠　D. 受重压

31. 下列（　）符合软梯的检查要求。

A. 标志清晰，每股绝缘绳索及每股线均应紧密绞合，不得有松散、分股的现象。

B. 接头应单根丝线连接，不允许有股接头。单丝接头应封闭于绳股内部，不得露在外面。

C. 股绳和股线的捻距及纬线在其全长上应均匀

D. 经防潮处理后的绝缘绳索表面应无油渍、污迹、脱皮等

32. 检查绝缘滑车时，应检查商标、（　）及带电作业用（双三角）符号等标识清晰完整。

A. 型号　B. 制造日期　C. 制造厂名　D. 出厂编号

33. 下面职责中，（　）是班组职责。

A. 落实现场勘察　B. 安全交底

C. “两票”执行　D. 风险评估

34. 各单位应依据（　）条件编制。

A. 设备状态　B. 气候特点　C. 电网需求　D. 物资供应

35. 承发包工程作业应由（　）单位共同参与。

A. 项目主管部门　B. 单位组织

C. 设备运维管理单位　D. 作业单位

36. 对涉及多专业、多单位的大型复杂作业项目，应由（　）部门参与。

A. 项目主管部门　B. 单位组织相关人员

C. 设备运维管理单位　D. 作业单位

37. 作业风险评估定级完成后，作业单位应根据现场勘察结果和风险评估定级的内容制定管控措施，编制审批（　）文件。

A. “两票”　B. 风险评估报告

C. “三措一案”　D. 风险管控措施

38. 因现场作业条件变化引起风险等级调整的，应重新履行（　）工作程序。

A. 识别　B. 评估

C. 定级　D. 管控措施制定审核

39. （　）按周组织作业风险管控工作督查会议，对所属单位作业风险

管控工作情况进行督查。

A. 总部　　B. 省公司

C. 地市公司级单位　　D. 安监部门

40. 地市（县）公司级单位、二级机构按照“谁管理、谁公示”原则，以（　　）为依据，每周日前对本层级（不含下层级）管理的下周所有作业风险进行全面公示。

A. 风险因素　　B. 风险等级

C. 管控措施　　D. 审定的作业计划

41. 工作许可人、工作负责人共同做好现场安全措施的（　　）等工作，必要时进行补充完善，并做好相关记录。

A. 布置　　B. 记录　　C. 检查　　D. 确认

42. 工作负责人办理工作许可手续后，组织全体作业人员开展安全交底，并应用移动作业 App 留存（　　）资料。

A. 工作内容　　B. 安全交底内容

C. 工作许可　　D. 安全交底录音或影像

43. 现场作业过程中，（　　）应始终在作业现场，严格执行工作监护和间断、转移等制度，做好现场工作的有序组织和安全监护。

A. 工作负责人　　B. 工作票签发人

C. 专责监护人　　D. 工作许可人

44. 现场工作结束后，工作负责人应配合设备运维管理单位做好验收工作，（　　），应用移动作业 App 做好工作终结记录。

A. 核实违章作业情况　　B. 核实工器具回收情况

C. 核实视频监控设备回收情况　　D. 清点作业人员

45. 工作结束后班组长应组织全体班组人员召开班后会，要对（　　）情况进行总结评价。

A. 作业现场安全管控措施落实情况　　B.“两票三制”执行情况

C. 遵章守纪情况　　D. 违章作业情况

46. 各级安监部门应将（　　）纳入违章行为进行严肃通报处罚。

A. 无计划作业　　B. 随意变更作业计划

C. 风险评估定级不严格　　D. 管控措施不落实

47. 生产检修与（　　）相结合。

A. 基建工程　　B. 技改工程　　C. 用户工程　　D. 检修工程

48. 各级单位应加强作业现场安全监督检查，应充分发挥（　　）作用。

A. 安全监督体系　　B. 保证体系

C. 监督检查　　D. 安全督查

49. 属于风险公示内容的有（　　）。

A. 作业内容　　B. 风险等级

C. 工作负责人姓名及联系方式　　D. 专业类型

50. 作业计划都包括（　　）内容。

A. 作业内容　　B. 作业时间　　C. 风险等级　　D. 设备要求

51. 省公司级单位的（　　）负责建立健全本专业作业风险管控工作机制，细化落实公司风险管控工作有关要求。

A. 设备部门　　B. 市场部门　　C. 营销部门　　D. 建设部门

52. 地市（县）公司级单位的（　　）负责组织本专业作业计划编制、风险评估定级、管控措施落实等工作；按要求组织开展到岗到位工作；参加风险管控工作督查会议。

A. 运检部门　　B. 调控中心　　C. 营销部门　　D. 建设部门

53. 公司总（分）部的（　　）负责建立健全本专业作业风险相关管理制度标准和规程规范，并组织执行；督促省公司级单位落实作业风险相关管控要求，参加总部风险管控工作督查会议。

A. 设备部　　B. 营销部　　C. 基建部　　D. 特高压部

E. 国调中心

54. 省公司级单位职责的安监部门负责建立健全作业风险管控工作监督机制，组织作业风险管控工作（　　），牵头组织风险管控工作督查会议。

A. 监督　　B. 检查　　C. 评价　　D. 考核

55. 现场勘察应包括（　　）等。

A. 工作地点需停电的范围　　B. 保留的带电部位

C. 作业现场的条件、环境　　D. 需要采取的安全措施

56. 当构架上有（　　）等影响攀登的附挂物时，会造成人员高处坠落。

A. 照明灯　　B. 标示牌　　C. 支撑架　　D. 拉线

57. 国家电网公司采取安全资信报备、承揽项目登记、入场核查验证、过程风险管控以及对发生安全事故、安全管理不规范的承包单位实行（　　）管

理措施。

A. 安全风险管控　　B.“黑名单”

C.“负面清单”　　D. 考核评价

58.《国家电网公司业务外包安全监督管理办法》适用于（　　）。

A. 业务管理部门　　B. 公司各单位

C. 公司总部　　D. 承发包单位

59. 国家电网公司的发包单位负责执行公司业务外包安全监督管理办法，开展外包项目安全管理，组织落实（　　）等要求。

A. 安全资信报备　　B. 承揽项目登记

C. 入场核查验证　　D. 过程监督检查

60. 国家电网公司的承包单位职责是配合发包单位开展（　　）等工作。

A. 入场核查验证　　B. 过程监督检查

C. “黑名单”管理　　D.“负面清单”管理

61. 国家电网公司的监理单位应依据国家有关法律法规、监理合同及安全协议，履行监理安全职责，认真开展外包项目（　　）等工作。

A. 安全审查　　B. 验证　　C. 检查　　D. 旁站

62. 国家电网公司实行承包单位安全资信报备制度。承包单位在参与外包项目采购活动前，报备企业安全资信，如（　　）等。

A. 企业资质　　B. 业务资质

C. 安全生产许可证　　D. 专职安全生产管理人员

63. 承包单位安全资信发生（　　），承包单位应及时到首次受理报备资料的单位安质部门进行变更。

A. 企业资质变化　　B. 业务资质变化

C. 法定代表人发生变动　　D. 安全生产许可证延期

64. 发包单位应对外包项目的承包单位的（　　）进行审查。

A. 企业资质　　B. 业务资质　　C. 安全资质　　D. 招标文件

65. 发包单位、承包单位、监理单位（如有）应根据（　　）内容，认真履行各自安全责任，按照职责分工开展外包项目实施过程安全管控。

A. 国家法规制度　　B. 承包合同

C. 安全资质　　D. 安全协议

66. 发包单位安质部门负责起草“负面清单”，并会同（　　）进行审核确认后正式公布。

A. 业务部门　B. 监管部门　C. 物资部门　D. 主管部门

67. 需将承包单位及相应项目负责人纳入Ⅲ级“黑名单”的情况是（　）。

A. 发生负有主要责任的五级、六级人身事件

B. 发生负有主要责任的七级电网事件

C. 发生负有主要责任的七级设备事件

D. 发生负有主要责任的八级信息系统事件

68. 需将承包单位及相应项目负责人纳入Ⅱ级“黑名单”的情况是（　）。

A. 省公司级单位认定有必要纳入“黑名单”管理的

B. 发生负有主要责任的六级、七级信息系统事件

C. 发生负有主要责任的六级电网事件

D. 发生负有主要责任的四级人身事故

69. 需将该承包单位及相应项目负责人纳入Ⅰ级“黑名单”的情况是（　）。

A. 发生负有主要责任的直接经济损失500万元以上火灾事故

B. 发生负有主要责任的三级以上人身事故

C. 发生负有主要责任的四级以上设备事故

D. 国家电网公司认定有必要纳入“黑名单”管理的

70. 承包单位发生负有主要责任的安全事件，未达到列入“黑名单”条件的是（　）。

A. 严重违章　B. 造成责任性重大隐患

C. 不按计划治理隐患　D. 安全资信变化但不履行变更手续

71. 专业承包的项目登记内容有（　）等。

A. 项目名称　B. 项目主要内容

C. 项目发包单位　D. 专职安全生产管理人员

72. 劳务外包的人员登记内容有（　）。

A. 劳务外包项目负责人　B. 劳务外包项目负责人

C. 照片　D. 资格证书及编号

73. 承包合同应具体明确外包项目内容、（　）等基本信息。

A. 实施场所（地点）　B. 外包类型

C. 承包单位项目负责人　D. 专职安全生产管理人员

74. 承包单位登记信息供各单位（　　）、开展承包单位安全承载力分析等工作使用。

A. 查问　　B. 跟踪　　C. 查询　　D. 统计

75. 发包单位应对承包单位项目负责人、专职安全生产管理人员等进行全面的安全技术交底，共同勘查现场，（　　），并应有完整的记录或资料。

A. 填写勘察记录　　B. 指出危险源和存在的安全风险

C. 明确安全防护措施　　D. 提供安全作业相关资料信息

76. 外包项目所使用的施工机械、工器具、安全用具及安全防护设施应按规定进行（　　），确保状态良好、安全可靠，并建立相应的资料档案。

A. 保养　　B. 检查　　C. 检测　　D. 保管

77. 通过开展（　　）等，及时发现承包单位施工作业现场存在的安全问题并督促整改，情节严重时应下达停工令。

A. 安全管理　　B. 安全检查　　C. 安全旁站　　D. 巡视

78. 依据国家有关规定与要求，公司对发生安全事故（件）、存在违法违规行为、安全管理混乱的承包单位及其项目负责人实行（　　）管理。

A.“清除”　　B.“黑名单”　　C.“负面清单”　　D.“说清楚”

79. 依据报告结论起草的“黑名单”逐级上报至Ⅰ、Ⅱ、Ⅲ级“黑名单”对应的审定单位安质部门，安质部门会同（　　）审核确认后正式公布，并录入公司外包安全资信系统进行发布。

A. 业务部门　　B. 安全部门　　C. 技术部门　　D. 物资部门

80. 在外包项目实施完毕后，对承包单位安全管理能力作出（　　）的评价，并录入公司外包安全资信系统。

A. 优　　B. 良　　C. 一般　　D. 差

81. 对承包单位有（　　）等违规行为的，视其严重程度列入“黑名单”或“负面清单”管理。

A. 无资质　　B. 造假　　C. 篡改　　D. 瞒报

82. 依据住建部印发的《建筑业企业资质管理规定》（住房城乡建设部令第22号），建设工程施工类外包有（　　）形式。

A. 施工总承包　　B. 专业承包　　C. 专业分包　　D. 劳务分包

83. 在电气设备上工作，保证安全的组织措施有（　　）。

A. 现场勘察制度　　B. 工作票制度

C. 工作许可制度　　　　　　　　D. 停电、验电、接地

84. 在电气设备上的工作，应填用工作票或事故紧急抢修单，其方式有以下（　　）。

A. 变电站（发电厂）第一种、第二种工作票

B. 电力电缆第一种、第二种工作票

C. 变电站（发电厂）带电作业工作票

D. 变电站（发电厂）事故紧急抢修单

85. 下列（　　）工作需填用变电站（发电厂）第二种工作票。

A. 控制盘和低压配电盘、配电箱、电源干线上的

B. 高压设备上工作需要部分停电者

C. 二次系统和照明等回路上的工作，无需将高压设备停电者或做安全措施者

D. 高压电力电缆不需停电的

86. 工作许可人应将工作票的（　　）及终结时间记入登记簿。

A. 编号　　　　　　　　B. 许可时间

C. 工作任务　　　　　　D. 工作班成员姓名

87. 工作票由（　　）填写。

A. 工作负责人　　B. 工作许可人　　C. 工作班成员　　D. 工作票签发人

88. 工作票可由（　　）签发。

A. 经设备运维管理单位审核合格且经批准的检修单位

B. 设备运维管理单位

C. 电力调度控制中心

D. 经设备运维管理单位审核合格且经批准的基建单位

89. 第一种工作票（　　）时，可采用总工作票和分工作票。

A. 所列工作地点超过两个

B. 有两个及以上不同的工作单位（班组）在一起工作

C. 工作时间较长

D. 工作人教较多

90. 关于总、分工作票下列说法正确的是（　　）。

A. 总工作票上所列的安全措施应包括所有分工作票上所列的安全措施。

B. 总、分工作票在格式上与第一种工作票一致。

C. 分工作票的许可和终结，由分工作票负责人与总工作票负责人办理。

D. 几个班同时进行工作时，总工作票的工作班成员栏内，需填写全部工作班人员姓名。

91. 供电单位或施工单位到用户变电站内施工时，工作票应由有权签发工作票的（　　）签发。

A. 用户单位　　B. 施工单位　　C. 供电单位　　D. 安监部门

92. 持线路或电缆工作票进入变电站或发电厂升压站进行架空线路、电缆等工作，应增填工作票份数，由变电站或发电厂工作许可人许可，并留存。上述单位（　　）名单应事先送有关运维单位备案。

A. 工作票签发人　　B. 工作负责人

C. 工作班成员　　D. 专责监护人

93. 关于现场人员变更，下列说法正确的是（　　）。

A. 工作负责人允许变更一次。

B. 非特殊情况不得变更工作负责人。

C. 变更工作班成员时，应经工作票签发人同意。

D. 原、现工作负责人应对工作任务和安全措施进行交接。

94. 在原工作票的停电及安全措施范围内增加工作任务时，应（　　）。

A. 由工作负责人征得工作班成员同意

B. 由工作负责人征得工作票签发人和工作许可人同意

C. 在工作票上增填工作项目

D. 在工作票上增填安全措施

95. 第一种工作票应在工作前一日预先送达运维人员，可（　　），但传真传送的工作票许可应待正式工作票到达后履行。

A. 直接送达　　B. 通过传真传送

C. 通过电话传达　　D. 通过局域网传送

96. 下列关于工作票的有效期与延期，正确的叙述包括（　　）。

A. 第一、二种工作票和带电作业工作票的有效时间，以批准的检修期为限

B. 第一种工作票只能延期一次

C. 第二种工作票只能延期一次

D. 带电作业工作票可以延期一次

97. 工作票签发人应是（　　），并具有相关工作经验的生产领导人、技

术人员或经本单位批准的人员。

A. 熟悉工作班成员的工作能力　　B. 熟悉人员技术水平

C. 熟悉设备情况　　D. 熟悉本规程

98. 工作票签发人的安全责任有（　　）。

A. 确认工作必要性和安全性

B. 确认工作票上所填安全措施是否正确完备

C. 确认所派工作负责人和工作班人员是否适当和充足

D. 对工作班成员进行工作任务、安全措施、技术措施交底和危险点告知

99. 以下属于工作负责人（监护人）的安全责任是（　　）。

A. 正确组织工作

B. 检查工作票所列安全措施是否正确完备，是否符合现场实际条件，必要时予以补充完善

C. 确认工作的必要性

D. 工作前，对工作班成员进行工作任务、安全措施、技术措施交底和危险点告知，并确认每个工作班成员都已签名

100. 工作负责人应在工作前，对工作班成员进行（　　）告知，并确认每个工作班成员都已签名。

A. 工作任务　　B. 安全措施

C. 技术措施交底　　D. 危险点

（三）判断题（共 100 道）

1. 生产作业、营销作业、输变电工程、配（农）网建设、迁改工程施工、信息通信作业，以及送变电公司和省管产业单位承揽的外部建设项目施工不纳入作业计划管控。（　　）

2. 作业计划实行弹性管理，可随现场情况更改和增减作业计划。（　　）

3. 生产作业、配（农）网工程施工作业、营销作业参照《国家电网有限公司输变电工程施工安全风险管理规程》进行风险定级。（　　）

4. 三级风险作业，风险管控措施应由业主项目部组织审核。（　　）

5. 核实作业人员是否具备安全准入资格、特种作业人员是否按时上岗、特种设备是否检测合格。（　　）

6. 按要求装设视频监控终端等设备，并通过移动作业App与作业计划关联。（　）

7. 输变电工程到岗到位要求按照到岗到位标准执行。（　）

8. 省公司级单位应对所辖范围内的三级风险作业现场开展全覆盖督查。（　）

9. 地市公司级单位应对所辖范围内的二级及以上风险作业现场开展全覆盖督查。（　）

10. 对不严格执行本规定要求导致作业风险失控引发安全事故（事件）的，严格按照《国家电网有限公司作业安全风险管控工作规定》有关规定执行。（　）

11. 省公司级单位每天由副总师及以上负责同志主持、安监部门牵头召开督查会议。（　）

12. 公司总部中的国网安质部是协同国网物资部管理本专业职责范围内的承包单位安全资信和“黑名单”。（　）

13. 省公司级单位的物资部门负责将承包单位安全资信报备纳入本单位采购工作统筹管理，落实“黑名单”和“负面清单”管理相关要求。（　）

14. 省公司级单位的法律事务部门负责本单位“黑名单”“负面清单”管理合法合规性审核。（　）

15. 各级物资管理部门在外包项目采购中，应将承包单位安全资信报备情况纳入考核标准进行管控。（　）

16. 发包单位应对外包项目的承包单位企业负责人、项目负责人、专职安全生产管理人员是否持有国家有关部门规定的有效安全证件进行审查。（　）

17. 安全协议中应具体规定发包单位和承包单位各自应承担的安全责任和评价考核条款，由承包单位安质部门审查。（　）

18. 建设工程施工类外包的承包合同，应明确承包单位需自行完成的主体工程或关键性工作，承包单位将主体工程或关键性工作进行自行分包。（　）

19. 承包合同及安全协议必须由发包单位与承包单位双方法定代表人或其授权委托人签订。（　）

20. 承包合同和安全协议书面签订完成前，承包单位可提前实施辅助性工作。（　）

21. 发包单位可压缩外包项目工期。（ ）

22. 变电现场的Ⅰ级检修中要求省公司分管领导或设备部负责人，超高压公司分管领导、设备管理部门负责人应到岗到位。（ ）

23. 在输电现场的 220kV 及以下线路Ⅰ级作业风险检修中市公司分管领导或专业管理负责人应到岗到位。（ ）

24. 各单位应根据违章类型和性质，参照公司《安全生产典型违章 100 条》，细化违章分级判定标准，制定违章记分规则，将违章记分仅纳入作业人员绩效考核。（ ）

25. 为提高现场作业安全、质效，针对变电专业实际情况，制定并应用“一表一库”，明确“五级五控”具体管理措施，特制定变电站作业风险管控实施细则。本细则不适用于公司系统变电二次设备检修工作。（ ）

26. 带电作业用绝缘靴（鞋）由绝缘材料制成，不带防滑鞋底，在带电作业中用于防止工作人员脚部触电。（ ）

27. 带电作业用绝缘垫敷设在地面或接地物体上可以保护作业人员免遭电击。（ ）

28. 防毒面具的滤毒罐（盒）的贮存期为 5 年（3 年），过期产品应经检验合格后方可使用。（ ）

29. 橡胶和塑料制成的耐酸服长期保存时，应撒上滑石粉以防粘连。（ ）

30. 绝缘杆储存时，贴墙放置即可。（ ）

31. 合成纤维带速差式防坠器，如果纤维带浸过泥水、油污等，应使用化学洗涤剂和软刷对纤维带进行刷洗。（ ）

32. 当绝缘垫（毯）脏污时，可在不超过制造厂家推荐的水温下对其用肥皂进行清洗，再用滑石粉让其干燥。（ ）

33. 使用软梯进行移动作业时，软梯上尽量一人工作，根据情况也可两人。（ ）

34. 带电作业用绝缘滑车不准拴在牢固的结构物上。（ ）

35. 现场“安规”考查可采用口头或简单书面方式进行。（ ）

36. 督查过程中，对发现严重违章或存在重大安全隐患的现场，督查人员无权责令现场立即停工。（ ）

37. 督查人员可以向被督查单位泄露检查时间和地点。（ ）

38. 督查人员可以指挥现场施工人员作业。（ ）

39. 电缆检修时，应检查电缆隧道是否有充足的照明，是否有防火、防水、通风措施。（ ）

40. 起重作业时，应检查遇有6级以上大风时，是否开展露天起重工作。（ ）

41. 检修人员可以擅自随意使用解锁工具（钥匙）。（ ）

42. 二次回路作业时，应检查开启二次电缆沟盖板后，是否正确设置围栏并有人看守。（ ）

43. 起重机进场前，应确保起重指挥、司机和专责监护人等作业人员身体、精神状态良好。（ ）

44. 因转场需要临时移动安全围栏的，起重机司机可以直接移动。（ ）

45. 起重机作业前需进行一次常规性检查，确保车辆状态良好，检查记录作为资质审查必要条件。（ ）

46. 起重时只能由一人统一指挥，必要时可设置中间指挥人员传递信号。（ ）

47. 吊车、吊索具等工作负荷，不准超过铭牌规定。（ ）

48. 吊车司机调整支腿时，应检查车身水平器气泡在偏左位置，确保整车倾斜角度不超过制造厂规定值。（ ）

49. 作业人员可以利用吊钩来上升或下降。（ ）

50. 吊车车辆转移过程中应收起吊臂，严禁吊臂伸开时转移。（ ）

51. 只要工作负责人同意，带电安全距离不足也可以进行作业。（ ）

52. 变电站起重作业时，吊物上可以站人。（ ）

53. 变电站起重作业时，可以吊挂重物直接进行加工。（ ）

54. 在进行车、铣、刨及用砂轮磨工件时，应戴防打击防护眼镜等。（ ）

55. 作业人员可以将安全带系在避雷器支柱绝缘子上。（ ）

56. 作业中如果安全绳不够用，可以接长使用。（ ）

57. 不应多人同时使用同一个连接器作为连接或悬挂点。（ ）

58. 使用连接器时，受力点应该在连接器的活门位置。（ ）

59. 速差自控器的安全识别保险装置-坠落指示器（如有）应未动作。

（　　）

60. 事故紧急抢修应填用工作票，或事故紧急抢修单。（　　）

61. 运维人员实施不需高压设备停电或做安全措施的变电运维一体化业务项目时，可不使用工作票，但应以书面形式记录相应的操作和工作等内容。（　　）

62. 工作票应使用黑色或蓝色的钢（水）笔或圆珠笔填写与签发，一式两份，内容应正确，填写应清楚，不得任意涂改。（　　）

63. 承发包工程中，工作票可实行“双签发”形式。（　　）

64. 第一种工作票所列工作地点超过两个，或有两个及以上不同的工作单位（班组）在一起工作时，可采用总工作票和分工作票。（　　）

65. 总工作票应在分工作票许可后才可许可；总工作票应在所有分工作票终结后才可终结。（　　）

66. 一个工作负责人可以同时执行多张工作票，工作票上所列的工作地点，以一个电气连接部分为限。（　　）

67. 一个电气连接部分是指：电气装置中，可以用断路器（开关）同其他电气装置分开的部分。（　　）

68. 一台变压器停电检修，其断路器（开关）也配合检修，且同时停、送电，可使用同一张工作票。（　　）

69. 全站停电可不使用工作票。（　　）

70. 在同一变电站内，依次进行的同一类型的带电作业可以使用一张带电作业工作票。（　　）

71. 第二种工作票和带电作业工作票应在工作前一日预先交给工作许可人。（　　）

72. 临时工作，应在工作前一日将工作票交给工作许可人。（　　）

73. 用户变、配电站的工作许可人应是持有效证书的高压电气工作人员。（　　）

74. 专责监护人应是具有相关工作经验，熟悉设备情况和本规程的人员。（　　）

75. 专责监护人临时离开时，应指定一名工作人员担任临时监护人。（　　）

76. 工作期间，工作负责人若因故暂时离开工作现场时，应指定能胜任的

人员临时代替，离开前应将工作现场交代清楚，并告知工作许可人。（　　）

77. 只有在同一停电系统的所有工作票都已终结，并得到值班调控人员或运维负责人的许可指令后，方可合闸送电。（　　）

78. 禁止在只经断路器（开关）断开电源或只经换流器闭锁隔离电源的设备上工作。（　　）

79. 在电气设备上工作，对难以做到与电源完全断开的检修设备，可以不拆除设备与电源之间的电气连接。（　　）

80. 表示设备断开和允许进入间隔的信号、经常接入的电压表等，如果指示有电，在排除异常情况前，禁止在设备上工作。（　　）

81. 耐酸服是适用于从事接触和配制酸类物质作业人员穿戴的具有防酸、抗高温性能的工作服。（　　）

82. 防火服是消防员及高温作业人员近火作业时穿着的防护服装，仅用来对其上下躯干进行隔热防护。（　　）

83. 绝缘隔板又称绝缘挡板，一般应具有很高的绝缘性能，它可与 50kV 及以下的带电部分直接接触，起临时遮栏作用。（　　）

84. 绝缘服装是由绝缘材料制成，用于防止作业人员带电作业时身体触电的服装。（　　）

85. 带电作业用绝缘手套是由绝缘橡胶或绝缘合成材料制成，在带电作业中用于防止工作人员全身触电的手套。（　　）

86. 绝缘托瓶架是用绝缘管或棒组成，用于对绝缘子串进行操作的装置。（　　）

87. 静辅助型绝缘靴（鞋）是由特种橡胶制成的、用于人体与金属绝缘的靴（鞋）子。（　　）

88. 脚扣是用钢或合金材料制作的用于攀登陡峭地形的工具。（　　）

89. 纤维类安全工器具纤维类安全工器具应放在干燥、通风、避免阳光直晒、无腐蚀及有害物质的位置，并与热源保持 10m 以上的距离。（　　）

90. 静电防护服装应保持清洁，保持防静电性能，使用后用软毛刷、软布蘸碱性洗涤剂刷洗，不可损伤服料纤维。（　　）

91. 绝缘垫（毯）应贮存在专用箱内，对潮湿的绝缘垫（毯）应进行清洗处理。（　　）

92. 使用梯子时，梯子与地面的夹角应为 60° 左右。（　　）

93. 现场安全督查计划按照“周计划、日安排”原则执行。（　）

94. 管住现场检查内容包括应检查作业人员安全帽、工作服、绝缘鞋等是否合格、正确佩戴。（　）

95. 起重作业时，应检查吊车、起重机械等，是否装设接地线，其截面是否大于 $20mm^2$。（　）

96. 查晶闸管试验时，与试验带电体距离是否小于 0.7m。（　）

97. 变电器安装时，应检查变压器底部距离地面的高度是否大于 3.5m。（　）

98. 索道运输时，应检查索道支架是否稳固，支架拉线对地夹角是否超过 45°。（　）

99. 用电管理中，应检查室外 220V 灯具距地面是否大于 3m，室内 220V 灯具距地面是否大于 2m。（　）

100. 高处作业时，应检查使用单梯时梯面应与水平面是否成 45°。（　）

（四）填空题（共 80 道）

1. 作业风险是在生产施工作业过程中，有可能导致人身伤害事故的因素，涉及________、________、________、________、________等。

2. 作业安全风险管控遵循________的工作原则，并依托________实施全过程管理。

3. 作业任务确定后，各单位应根据________、________，规范组织开展现场勘察、危险因素识别等工作。

4. 对需要现场勘察的典型作业项目，一般应由________或________组织，________和________参加。

5. 二级风险作业，风险管控措施应由________组织审核；工程施工作业由________组织审核。

6. 各单位应围绕作业计划，以________为核心，依托各级各类专业工作和安全例会，分层分级构建作业风险分析预控和监督工作机制。

7. 各单位、专业、班组应充分利用工作例会、班前会等，逐级组织交代________、作业风险和________，并通过移动作业 App 从上至下将________任务传达到岗、到人。

8. 核实作业必需的________和________，确保合格有效。

9. 为规范国家电网公司业务外包安全监督管理，加强外包项目安全风险管控，防范各类安全事故，依据国家有关法律法规和《国家电网公司安全工作规定》等制度，制定________。

10. 《国家电网公司业务外包安全监督管理办法》所称业务外包是指公司各级单位作为甲方与乙方签订合同，将________、________业务发包给承包单位的活动。

11. 公司业务外包安全工作坚持________的方针，按照________原则，建立承发包单位各负其责、业务部门管理、安质部门监督的综合管理机制。

12. 地市（县）公司级单位中的安质部门负责落实公司业务外包安全监督管理办法；开展________检查。

13. 地市（县）公司级单位中的________负责“黑名单”和“负面清单”管理合法合规性审核。

14. 国家电网公司的地市公司级以上单位安质部门负责受理承包单位安全资信报备资料，审核验证后存档并录入公司外包安全资信系统，省公司级单位安质部门复核，供公司________部门共享。

15. 承包单位在不同省公司级单位范围内开展业务，应________报备。

16. 发包单位应对外包项目的承包单位的施工机械、________、________是否满足安全作业要求进行审查。

17. 外包项目确定承包单位后，发包单位应与承包单位依法签订________及________，安全协议作为承包合同的附件，随承包合同同步履行。

18. ________和________的格式、内容应符合国家及公司的相关要求，统一规范。

19. 可以通过________、________督查方法查检修或施工作业负责人是否掌握本班组人员、作业计划、现场各作业点的作业情况。

20. 可以通过________、________督查方法查现场工作人员对工作任务、风险点及防范措施等内容是否掌握。

21. 省公司级单位职责中，________负责本单位“黑名单”“负面清单”管理合法合规性审核。

22. 地市（县）公司级单位职责中，其他专业部门具体开展本专业业务外包安全工作的________、________和________。

23. 省公司级单位职责中，其他专业部门协同________管理本单位范围内承包单位安全资信、“黑名单”和“负面清单”。

24. 承包单位在各个省公司级单位范围内首次报备应填写________。

25. 施工作业队伍 30 人以下的应设有________。

26. 劳务外包或劳务分包的承包合同，应明确承包单位需________，承包单位不得再次外包。

27. 进场施工作业前，发包单位应依据________及________，对承包单位进场人员及相关设备进行核查，不满足承包合同及安全协议有关条款规定的，不得允许进场。

28. 采取劳务外包或劳务分包的项目，劳务人员不得独立承担________、________的施工作业，必须在发包方有经验人员的带领和监护下进行。

29. 在直流现场Ⅳ级检修中，________组织开展到岗到位，超高压公司（直流公司）设备管理部门管理人员应到岗到位。

30. 在输电现场 500kV 及以上线路Ⅰ级作业风险检修中，________应到岗到位，省公司设备部相关人员应到岗到位或组织________开展现场督察，国网公司设备部相关人员必要时应到岗到位或组织专家组开展现场督察。

31. 各级安全督查人员应严格遵守廉政纪律，各单位应设立举报电话、邮箱，发现违反廉政纪律的，一律________。

32. 携带型短路接地线是用于防止设备、线路突然来电时，能够消除感应电压，放尽剩余电荷的________装置。

33. 在绝缘杆是由绝缘材料制成，用于短时间对带电设备进行操作或测量的杆类绝缘工具，包括绝缘操作杆、________、________等。

34. 登高工器具是用于登高作业、临时性高处作业的工具，包括脚登高板、________、________及检修平台等。

35. 梯子是包含有踏档或踏板，可供人上下的装置，一般分为竹合金及________梯。

36. 检修平台按功能分为拆卸型和________。

37. 橡绝缘隔板应统一编号，存放在室内干燥通风、离地面 200mm 以上专用的工具架上或柜内。如果表面有轻度擦伤，应涂________处理。

38. 钢绳索速差式防坠器，如钢丝绳浸过泥水等，应使用涂有少量________

的棉布对钢丝绳进行擦洗，以防锈蚀。

39. 耐酸靴穿用后，应立即用水冲洗，存放阴凉处，撒滑石粉，以防粘连，应避免接触________、________和锐利物

40. 梯检修平台供操作人员站立、攀登的所有作业面应具有________。

41. 检查辅助型绝缘手套时，应检查质地柔软良好，内外表面均应________、完好无损，无________、________、折缝和孔洞。

42. 检查辅助型绝缘手套时，应采取________或________进行检查。

43. 使用连接器时，受力点不应在连接器的________位置。

44. 不应多人________使用同一个连接器作为连接或悬挂点。

45. 安全绳应是________，不应私自接长使用。

46. 禁止将安全带系在________的物件上。

47. 在进行车、铣、刨及用砂轮磨工件时，应戴________防护眼镜等。

48. 起重机进场前，应确保起重指挥、司机和专责监护人等________身体、精神状态良好。

49. 因________临时移动安全围栏的，起重机司机必须提前告知工作负责人，并征得运维人员同意后方可移动，且移动后立即恢复。

50. 起重机作业前需进行一次________，确保车辆状态良好，检查记录作为资质审查必要条件。

51. 起重时只能由一人统一指挥，必要时可设置________传递信号。

52. 起重负荷检查：吊车、吊索具等________，不准超过铭牌规定。

53. 吊车司机调整支腿时，应检查车身________在中心位置，确保整车倾斜角度不超过制造厂规定值。

54. 禁止作业人员利用________来上升或下降，吊物上不许站人，起重臂、吊钩、吊物下方禁止站人。

55. 吊车车辆转移过程中应收起吊臂，严禁吊臂________转移。

56. 禁止带电________不足时强令冒险作业。

57. 变电站起重作业时，禁止吊车用吊篮、吊带吊人或________。

58. 变电站起重作业时，禁止________直接进行加工。

59. 生产作业、营销作业、输变电工程、配（农）网建设、迁改工程施工、信息通信作业，以及送变电公司和省管产业单位承揽的外部建设项目施工均应纳入________，严禁无计划作业。

60. 作业计划实行________，禁止随意更改和增减作业计划，确属特殊情况需追加或者变更作业计划，应按专业要求履行审批手续后方可实施。

61. 生产作业、配（农）网工程施工作业、营销作业参照________进行风险定级。

62. 三级风险作业，风险管控措施应由________组织审核；工程施工作业由业主项目部审核。

63. 核实作业人员是否具备安全准入资格、特种作业人员是否________、特种设备是否检测合格。

64. 按要求装设________等设备，并通过移动作业 App 与作业计划关联。

65. 输变电工程到岗到位要求按照________执行。

66. 省公司级单位应对所辖范围内的________开展全覆盖督查。

67. 地市公司级单位应对所辖范围内的三级及以上风险作业现场开展________。

68. 对不严格执行本规定要求导致________引发安全事故（事件）的，严格按照国家有关法律法规和公司事故（件）调查处理有关规定执行。

69. 省公司级单位每周由副总师及以上负责同志主持、安监部门牵头召开督查会议，对本单位作业风险管控情况，各专业二级及以上作业风险________、________制定等进行督查。

70. 其他专业部门：负责本专业业务外包安全管理；组织开展本专业业务外包安全工作的________；指导各省级单位开展业务外包安全管理工作；协同国网安质部管理本专业职责范围内的承包单位安全资信和“黑名单”。

71. 物资部门：负责将承包单位________纳入本单位采购工作统筹管理，落实“黑名单”和“负面清单”管理相关要求。

72. 法律事务部门：负责本单位“黑名单”“负面清单”管理________审核。

73. 各级物资管理部门在外包项目采购中，应将承包单位安全资信报备情况纳入________进行管控。

74. 发包单位应对外包项目的承包单位明确提出安全资信要求和安全条件，并进行审查。包括但不限于以下内容：企业负责人、项目负责人、专职安全生产管理人员是否持有国家有关部门规定的有效安全证件，作业人员是否有________，人员素质是否符合要求。

75. 安全协议中应具体规定发包单位和承包单位各自应承担的________条款，由发包单位安质部门审查。

76. 建设工程施工类外包的承包合同，应明确承包单位需自行完成的________或关键性工作，禁止承包单位将主体工程或关键性工作违规分包。

77. 承包合同及安全协议必须由发包单位与承包单位双方法定代表人或其授权委托人（提供授权委托书）签订。严禁与________、不能有效代表承包单位的人员签订承包合同。严禁与个人签订承包合同。

78. 承包合同和安全协议书面签订完成前，严禁承包单位________（含辅助性工作）。

79. 发包单位不得随意________。如工期确需调整，应当对安全影响进行论证和评估。论证和评估应当提出相应的组织措施和安全保障措施。

80. 变电现场到岗到位分级表Ⅰ级检修：省公司分管领导或设备部负责人，________、设备管理部门负责人应到岗到位。

三、四个管住高阶题库（共400道）

学习对象

■ 宁夏本地一线人员

学习目标

■ 掌握严重违章的具体行为及其释义

■ 掌握各类作业的安全措施及要求

■ 能够辨识各类作业安全风险、并能根据风险点，确定相应的安全风险防范措施

涉及知识点

严重违章释义、各类作业安全风险辨识及方法措施、现场作业安全措施要求等

（一）单选题（共 120 道）

1. 变电现场勘察完成后，应采用文字、图片或影像等方式规范填写（　　）。

A. 勘察记录　　B. 作业内容　　C. 作业报告　　D. 检修方案

2. 变电站的Ⅰ级检修方案由省公司设备部组织编制，检修项目实施前（　　）日完成。

A. 7　　B. 10　　C. 15　　D. 20

3. 变电现场的Ⅴ级检修方案由班组组织编制，检修项目实施前（　　）日完成。

A. 3　　B. 7　　C. 15　　D. 20

4. 变电现场的Ⅳ级检修方案由县公司级单位组织编制，检修项目实施前（　　）日完成。

A. 3　　B. 7　　C. 15　　D. 20

5. 编制倒闸操作（　　），用于指导倒闸操作作业风险差异化管控工作。

A. 正规流程　　B. 风险库

C. 管理库　　D. 风险基础分级表

6. 在直流倒闸现场，每日 00:00 至 05:00 进行倒闸操作，或雷雨、8 级及以上大风或冰雪等恶劣天气必须进行倒闸操作时，相应操作风险评级（　　）。

A. 提升一个风险等级　　B. 降低一个风险等级

C. 提级　　D. 降级

7. 为进一步加强生产现场作业风险管控要全面落实（　　），强化现场作业的关键环节管控，形成“点面”结合、“远近”互补的防控机制。

A.“一表一库”应用　　B.“分级管控”

C.“源头防范”　　D. 现场“五级五控”

8. 为建立统一的标准规范，打造面向换流站运检全业务的移动集成应用，贯通业务系统数据，实现班组减负和提质增效。需进行（　　）。

A. 决策智慧化　　B. 业务数字化

C. 推进精益化检修　　D. 推广新技术

9. 在直流现场作业管控中协同调度、基建部门落实检修计划“八项统筹”

要求，严格执行集中检修，降低作业管控风险，提升检修计划利用率。属于（　　）。

A. 检修计划统筹　　B. 检修模式优化

C. 检修项目优化　　D. 检修计划优化

10. 在直流现场作业管控中按照“化零为整、化整为零、先降后控”原则，统筹开展全停检修、不停检修和陪停检修，降低（　　）。

A. 检修风险　　B. 检修成本

C. 集中检修风险　　D. 检修质效

11. 在直流现场作业的关键区域实行智能巡视，综合应用全自动巡检、图像监控等系统，实现换流变、阀厅区域远程智能巡检系统人工替代，从而降低（　　）。

A. 检修风险　　B. 检修成本

C. 集中检修风险　　D. 人员强度和作业风险

12. 在直流现场作业中利用绝缘油在线监测系统、红外测温系统等在线监测系统监测结果，替代部分人工离线作业，降低（　　）。

A. 检修风险　　B. 人工成本

C. 人工试验频次　　D. 人员强度

13. 在直流现场作业中故障抢修方案应按照相应风险等级要求组织编审批，（　　）前完成。

A. 抢修工作开始　　B. 抢修工作开始 3 日

C. 抢修工作开始 7 日　　D. 抢修工作开始 20 日

14. 在直流现场作业中检修方案的编制应综合考虑现场作业的复杂程度，综合考虑（　　）并提出应对措施。

A. 重要危险点　　B. 现场作业的安全问题

C. 各类危险点　　D. 现场作业内容

15. 在直流现场作业的检修中包括编制依据、工作内容、组织措施、安全措施、技术措施、物资采购保障措施、进度控制保障措施、检修验收要求等内容的属于（　　）级检修。

A. Ⅰ　　B. Ⅱ　　C. Ⅲ　　D. Ⅰ～Ⅲ

16. 在直流现场作业中检修方案编写时，应参考（　　）。

A. 检修工序风险库　　B. 工作票

C. 检修项目内容　　　　　　　　　D. 停电计划

17. 在直流现场作业中杜绝无方案作业，因停电计划临时变更、设备突发故障或缺陷等原因导致检修内容变化时，应结合实际内容（　　），并履行审批流程。

A. 补充检修方案　　　　　　　　　B. 完善检修方案

C. 补充完善检修方案　　　　　　　D. 重新编写检修方案

18. 在直流现场作业中的（　　）级检修中换流站管理人员必要时到岗到位。

A. Ⅰ　　　B. Ⅱ　　　C. Ⅲ　　　D. Ⅴ

19. 到岗人员应严格遵守安全规章制度，对到岗到位督导过程中发现的问题和违章现象，应立即（　　）。

A. 责令整改　　B. 停工整改　　C. 停工　　　D. 追究责任人

20. 换流站检修工作现场督导由国网直流中心按照（　　）安排实施。

A. 国网项目部　　　　　　　　　B. 国网设备部

C. 国网安全管理部　　　　　　　D. 国网督查部

21. 直流现场作业中检修人员应严格（　　），加强工序执行过程和检修试验数据的记录，确保检修范围内的设备“应修必修”。

A. 持证上岗　　　　　　　　　　B. 持卡标准作业

C. 标准作业　　　　　　　　　　D. 安全作业

22. 在直流现场作业中要落实（　　）要求，加强外包人员入场核查。

A.“双勘察”　　B.“双准入”　　C.“双交底”　　D.“双签发”

23. 在直流现场作业中对加强人员进出管理，应由工作负责人携（　　）带领工作班成员进站。

A. 工作票　　　　　　　　　　　B. 操作票

C. 作业许可证　　　　　　　　　D. 进网作业许可证

24. 控保系统、自动化厂家等二次人员进站作业，严格执行（　　）。

A. 重点管控原则　　　　　　　　B.“四不两直”原则

C. 进站“三必须”　　　　　　　D.“五级五控”

25. 直流现场作业中要加强阀厅作业车辆管控，阀厅作业车辆应专人操作并设专人指挥，操作员、指挥员应经培训并考试合格，（　　）禁止操作。

A. 其他作业人员　　　　　　　　B. 考试不合格的操作人员

C. 指挥员　　　　　　　　　　　D. 非指定操作员

26. 根据检修实施进度，按（　　）落实二次隔离措施、带电区域隔离安措、高风险作业工序等，动态调整现场到岗到位和远程督查安排。

A. 年　　　　B. 月　　　　C. 周　　　　D. 日

27. 直流现场作业中（　　）级检修应每日召开例会进行日管控，由换流站运维管理部门、各作业面负责人参加，对当日工作进行全面点评，对次日工作进行全面安排，对主要问题进行集中决策，形成日报并报领导小组。

A. Ⅰ　　　　B. Ⅱ　　　　C. Ⅲ　　　　D. Ⅰ、Ⅱ

28. 直流现场作业中加强在运设备运维，严格落实检修期间“电网运行风险预警通知单”相关运维保障措施要求，加强（　　）特巡特护，并做好应急抢修准备。

A. 在运一次设备　　　　　　　　B. 在运二次设备

C. 在运一、二次设备　　　　　　D. 在运设备

29. 直流现场作业中应强化隔离措施落实，重点加强（　　）作业现场安措布置管理，做好二次回路隔离、网络隔离、控保系统软件隔离，落实临电设备物理硬隔离措施。

A. Ⅰ级检修　　B. Ⅱ级检修　　C. Ⅲ级检修　　D. Ⅰ、Ⅱ级检修

30. 直流现场作业中应指定专人，（　　）开展隔离措施现场核查，确保电网风险能控、在控。

A. 每年　　　　B. 每月　　　　C. 每周　　　　D. 每日

31. 直流现场作业检修工作全部完成后以及隐蔽工程、高风险工序等关键环节阶段性完成后，作业班组应及时开展（　　）。

A. 自验收　　　　　　　　　　　B. 所属运维单位验收

C. 各级管理部门验收　　　　　　D. 各级安监部门验收

32. 直流现场作业检修工作全部完成后，各级设备管理部门按照作业风险分级开展验收工作监督，其中（　　）由省公司设备部选派专业技术人员参加。

A. Ⅰ级检修　　B. Ⅱ级检修　　C. Ⅲ级检修　　D. Ⅰ、Ⅱ级检修

33. 直流现场作业的（　　）验收前，应根据规程规范要求、设备说明书、标准作业卡、检修方案等编制验收标准作业卡，验收完成后编制验收报告。

A. Ⅰ级检修　　B. Ⅱ级检修　　C. Ⅲ级检修　　D. Ⅰ、Ⅱ级检修

34. 直流现场作业中Ⅰ、Ⅱ级检修总结报告由省公司设备部组织超高压公

司（直流公司）编制，检修项目竣工后（　　）日内完成。

A. 7　　B. 30　　C. 20　　D. 15

35. 直流现场作业中Ⅲ级检修总结报告由超高压公司（直流公司）设备管理部门组织换流站编制，检修项目竣工后 7 日内完成，（　　）日内报送省公司设备部备案。

A. 15　　B. 18　　C. 20　　D. 30

36. 国网设备部每年对（　　）级检修管理要求的落实情况进行检查考核。

A. Ⅰ　　B. Ⅱ　　C. Ⅲ　　D. Ⅰ、Ⅱ

37. 超高压公司（直流公司）设备管理部门（　　）对本单位各级检修的管理要求落实情况进行检查考核。

A. 每日　　B. 每周　　C. 每月　　D. 每年

38. 建立提升跨区直流系统能量可用率工作的奖惩机制，对工作落实不到位造成跨区直流系统重复停电、能量可用率降低的应（　　）。

A. 通报批评　　B. 进行处罚　　C. 记过处理　　D. 开除处理

39. 直流现场作业的检查考核采用资料评审与（　　）相结合的方式开展。

A. 现场检查　　B. 现场安全　　C. 标准化作业　　D. 检修质量

40. 直流现场作业，通过检查考核，督促各单位严格落实检修管理要求，结合实际执行情况对（　　）进行完善。

A. 安全检修　　B. 检修内容

C.“一表一库”管理措施　　D.“五级五控”风险管控体系

41. 建设单位应将工程发包给（　　）。

A. 自然人

B. 列入负面清单、黑名单或限制参与投标的单位

C. 不具备有效的营业执照单位

D. 具备建设主管部门和电力监管部门颁发的有效的业务资质书，和有效的安全资质证书

42. 作业现场存在重大事故隐患时（　　）。

A. 可以组织作业

B. 可以继续施工

C. 停止使用有关设备、设施或者立即采取排除危险的整改措施

D. 作业结束后采取排除危险的整改措施

43. 断路器、隔离开关和接地刀闸电气闭锁回路应直接使用断路器、隔离开关和接地刀闸等设备的辅助接点，严禁使用（　　）。

A. 重动继电器　　B. 重合闸继电器

C. 防跳继电器　　D. 防误继电器

44. 公司系统电网生产作业经（　　）许可，即可开始工作。

A. 施工方　　B. 调度管理部门或设备运维管理单位

C. 工作负责人　　D. 工作票签发人

45. 工作期间，若工作负责人必须长时间离开工作现场时，应由（　　）变更工作负责人，履行变更手续，并告知全体作业人员及工作许可人。原、现工作负责人应做好必要的交接。

A. 原工作票签发人　　B. 工区领导

C. 运维负责人　　D. 值班调控人员

46. 防误操作闭锁装置不得随意退出运行，停用防误操作闭锁装置应经（　　）。

A. 设备运维管理单位　　B. 检修负责人

C. 工区负责人　　D. 调控人员

47. 地市级或县级单位应（　　）对工作票签发人、工作负责人、工作许可人进行培训考试，合格后书面公布“三种人”名单。

A. 每月　　B. 每季度　　C. 每年　　D. 每半年

48. 在原工作票的停电及安全措施范围内增加工作任务时，应由工作负责人征得工作票签发人和工作许可人同意，并在工作票上增填（　　）。

A. 安全措施　　B. 工作地点　　C. 工作项目　　D. 工作时间

49. 因工作原因必须短时移动或拆除遮栏（围栏）、标识牌，应征得（　　）同意，并在工作负责人的监护下进行。

A. 工作负责人　　B. 专责监护人

C. 工作票签发人　　D. 工作许可人

50. 机械闭锁装置应可靠锁死电气设备的（　　）。

A. 弹簧机构　　B. 液压机构　　C. 储能机构　　D. 传动机构

51. 按照《国家电网有限公司关于加大安全生产违章惩处力度的通知》规定，以下属于Ⅰ类严重违章的是（　　）。

A. 无票工作

B. 作业人员擅自改变已设置的安全措施

C. 作业人员未经安全准作业人员未经安全准入考试

D. 作业人员跨越安全围栏

52. 未及时传达学习国家、公司安全工作部署，未及时开展公司系统安全事故（事件）通报学习、安全日活动等属于（　　）。

A. Ⅰ类严重违章　　B. Ⅱ类严重违章

C. Ⅲ严重违章　　D. 一般违章

53. 每年（　　）月底前组织开展一次涵盖安全生产各领域、各专业、各环节的安全隐患全面排查，建立隐患排查标准，分层分级组织排查的。

A. 4　　B. 5　　C. 6　　D. 7

54. 施工总承包单位或专业承包单位派驻的项目负责人、技术负责人、质量管理负责人、安全管理负责人等主要管理人员应与施工单位订立（　　），且建立劳动工资和社会养老保险关系。

A. 劳动合同　　B. 合作协议　　C. 用工协议　　D. 收益合同

55. 索道架设弛度应按索道设计运输能力、承力索规格、（　　）、跨越物高度、索道档距精确计算。

A. 支撑点高度　　B. 高差

C. 外部环境　　D. 支撑点高度和高差

56. 拉线、地锚、索道投入使用前需开展（　　）。

A. 检查　　B. 验收　　C. 核验　　D. 复验

57. 未按照要求开展电网风险评估，及时发布电网风险预警、落实有效的风险管控措施属于（　　）违章。

A. 一般违章　　B. Ⅰ类严重违章

C. Ⅱ类严重违章　　D. Ⅲ类严重违章

58. 特殊情况下起重设备、吊索具和其他起重工具需超铭牌使用时，须经过计算和试验，经本（　　）批准。

A. 单位分管生产的领导或总工程师　B. 起重工具司机

C. 工作负责人　　D. 施工负责人

59. 抱杆长度超过 30m 以上一次无法整体起立时，应多次对接组立采取（　　）对接组立悬浮抱杆。

A. 正装方式　　B. 倒落方式　　C. 牵引方式　　D. 倒装方式

60. 带电作业（　　）认为有必要时，应组织有经验的人员到现场勘察，根据勘察结果作出能否进行带电作业的判断，并确定作业方法和所需工具以及应才去的措施。

A. 工作票签发人　　B. 工作票签发人或工作负责人

C. 工作负责人　　D. 工作许可人

61. 乘坐船舶或水上作业使用的船舶应根据（　　）装载，不准超载。

A. 船只载重量及其重量　　B. 船只平衡程度

C. 船只载重量及平衡程度　　D. 船只重量和平衡程度

62. 未按要求开展网络安全等级保护定级、备案和测评工作，属于（　　）。

A. Ⅰ类严重违章　　B. Ⅱ类严重违章

C. Ⅲ类严重违章　　D. 一般违章

63. 未经工作许可（包括在客户侧工作时，未获客户许可），即开始工作，属于（　　）。

A. Ⅰ类严重违章　　B. Ⅱ类严重违章

C. Ⅲ类严重违章　　D. 一般违章

64. 现场作业人员未经安全准入考试并合格；新进、转岗和离岗（　　）以上电气作业人员，未经专门的安全教育培训，并经考试合格上岗，属于Ⅲ类严重违章。

A. 12个月　　B. 6个月　　C. 3个月　　D. 1个月

65. 外包单位人员发生严重违章，对重复发生严重违章的责任人，取消准入资格，（　　）年内进入公司系统作业，期满自动解除禁入。

A. 1　　B. 2　　C. 3　　D. 4

66. 在带电设备周围进行测量工作时，应使用（　　），且禁止使用金属梯子、金属脚手架等工器具。

A. 钢卷尺　　B. 皮尺

C. 线尺　　D. 不带金属的测量工具

67. 在继保屏上作业时，运行设备与检修设备无明显标志隔开，或在（　　）上或附近进行振动较大的工作时，未采取防掉闸的安全措施属于Ⅱ类严重违章。

A. 开关柜　　B. 屏柜　　C. 运行屏柜　　D. 保护盘

68. 以下属于Ⅲ类严重违章的有（　　）。

A. 使用金属U型环代替卸扣　　B. 超允许起重量起吊

C. 送电　　D. 带电作业约时停用或恢复重合闸

69. 以下属于Ⅲ类严重违章的有（　　）。

A. 使用普通材料的螺栓取代卸扣销轴

B. 防误闭锁装置功能不完善

C. 擅自使用解锁工具

D. 在运行站内使用吊车开展作业，未经设备运维单位批准即改变施工方案规定的工作方式

70. 在带电设备附近作业前应计算校核（　　），并与现场实际相符，满足安全要求。

A. 近电距离　　B. 安全距离　　C. 参数　　D. 开关量

71. 以下属于Ⅱ类严重违章的有（　　）。

A. 起重作业无专人指挥

B. 电力线路设备拆除后，带电部位未处理

C. 脚手架、跨越架未经验收合格即投入使用

D. 没有资质的单位或个人借用其他施工单位的资质承揽工程

72. 未经通风和检测合格，任何人员不得进入有限空间作业。检测的时间不得早于作业开始前（　　）min。

A. 30　　B. 60　　C. 50　　D. 10

73. 以下属于Ⅰ类严重违章的有（　　）。

A. 电力监控系统作业过程中，未经授权，接入非专用调试设备

B. 防误闭锁装置功能不完善，未按要求投入运行

C. 电力监控系统作业过调试计算机接入外网

D. 对“超过一定规模的危险性较大的部分工程”未组织编制专项施工方案

74. 按规定论证、审核、审批、交底及现场监督实施输变电工程（　　）级及以上风险作业前，未开展作业风险现场复测或未留存勘察记录属于Ⅲ类严重违章。

A. 一　　B. 二　　C. 三　　D. 四

75. 业扩报装设备未经（　　），擅自接火送电。

A. 验收　　B. 工作许可　　C. 送电前检查　　D. 调度下令

76. 严重违章惩处措施落实后，责任单位应在（　　）日内将处理意见报

违章查处单位。

A. 5　　B. 6　　C. 7　　D. 8

77. 严重违章惩处措施落实后，（　　）日内以本级安委会文件上报整改报告。

A. 14　　B. 15　　C. 16　　D. 17

78. 无日计划作业，或实际作业内容与日计划不符属于（　　）。

A. Ⅰ类严重违章　　B. Ⅱ类严重违章

C. Ⅲ类严重违章　　D. 一般违章

79. 无票（包括作业票、工作票及分票、操作票、动火票等）工作、无令操作，属于（　　）。

A. 一般违章　　B. Ⅲ类严重违章

C. Ⅱ类严重违章　　D. Ⅰ类严重违章

80. 特种作业人员未经安全准入考试即进场作业，属于（　　）。

A. 行为违章　　B. 管理违章　　C. 装置违章　　D. 不违章

81. 涉及生命安全、危险性较大的锅炉、压力容器（含气瓶）、压力管道、电梯、起重机械、客运索道和场（厂）内专用机动车辆等特种设备作业人员，应依据《特种设备作业人员监督管理办法》（国家质量监督检验检疫总局令第140号）从（　　）取得特种作业人员证书。

A. 质量及技术监督部　　B. 住房和城乡建设部

C. 应急部门　　D. 特种设备安全监督管理部门

82. 生产和施工场所未按规定配备消防器材或配备不合格的消防器材，属于（　　）。

A. Ⅰ类严重违章　　B. Ⅱ类严重违章

C. Ⅲ类严重违章　　D. 一般违章

83. 在用户管理的变电站或其他设备上工作时未经（　　）许可，擅自开始工作。

A. 工作负责人　　B. 调控值班员　　C. 用户　　D. 工作许可人

84. 智能变电站继电保护、合并单元、智能终端等配置文件设置错误属于（　　）。

A. 一般违章　　B. Ⅲ类严重违章

C. Ⅱ类严重违章　　D. Ⅰ类严重违章

85. 发现严重违章，上级违章查处单位要责成违章单位对照公司《安全工作奖惩规定》关于安全事件的追责条款，按照（　　）原则对违章责任人进行惩处。

A.“一个必须”　　B.“两个必须”

C.“三个必须”　　D.“四个必须”

86. 对多次发生严重违章的单位，要按照公司（　　）规定，由上级违章查出单位对有关单位和相关人员进行约谈。

A. 安全警示约谈工作规范（试行）

B. 安全生产反违章工作管理办法

C. 业务外包股安全监督业务外包股安全监督管理办法

D. 国家电网有限公司安全生产反违章工作管理办法

87. 涉及多专业、多单位或多专业综合性的（　　）及以上风险作业，上级单位需成立由副总师以上领导担任负责人、相关单位或专业部门负责人参加的现场作业风险管控协调组，常驻作业现场督导协调风险管控工作。

A. 四级　　B. 三级　　C. 一级　　D. 二级

88. 承发包双方应依法签订（　　），明确双方应承担的安全责任。

A. 承包协议　　B. 安全协议　　C. 合作协议　　D. 劳动协议

89. 自制或改造起重滑车、卸扣、切割机、液压工器具、手扳（链条）葫芦、卡线器、吊篮等工器具，须经有资质的第三方检验机构（　　），出具试验合格证或试验合格报告。

A. 检测检查　　B. 试验检查　　C. 检测试验　　D. 检测认证

90. 10kV、20kV、35kV 户外配电装置的裸露部分在跨越人行过道或作业区时，若导电部分对地高度分别小于（　　），该裸露部分两侧和底部应装设护网。

A. 2.7m、2.8m、2.9m　　B. 2.5m、2.5m、2.6m

C. 2.6m、2.7m、8m　　D. 2.5m、2.7m、2.7m

91. 网络边界未按要求部署安全防护设备并定期进行特征库升级属于（　　）。

A. Ⅰ类严重违章　　B. Ⅱ类严重违章

C. Ⅲ类严重违章　　D. 一般违章

92. 禁止使用没有（　　）（化学品安全技术说明书、化学品安全标签）

的危险化学品。

A. 证明　　B.“一书一签”　　C. 资质　　D. 合格证

93. 防误装置及电气设备出现异常要求解锁操作，应经运维管理部门防误操作装置专责人或（　　）的人员到现场核实无误并签字后，由变电站运维人员告知当值调控人员，方可使用解锁工具（钥匙），并在运维人员监护下操作。

A. 运维管理部门

B. 调度控制中心指定

C. 调度控制中心指定并调度控制中心指定并经书面公布的

D. 运维管理部门指定并经书面公布的

94. 作业人员未经（　　）双方批准擅自改变已设置的安全措施属于Ⅲ类严重违章。

A. 工作票签发人和工作负责人　　B. 工作票签发人和工作许可人

C. 工作负责人和工作许可人　　D. 工作许可人和工作班成员

95. 起吊或牵引过程中，受力钢丝绳周围、上下方、内角侧和起吊物下面，有人逗留或通过是（　　）。

A. 行为违章　　B. 管理违章　　C. 设备违章　　D. 装置违章

96. 放线区段有跨越（跨越不停电线路时，跨越档两端的导线）、平行输电线路时，导（地）线或牵引绳未采取（　　）。

A. 隔离措施　　B. 接地措施　　C. 防护措施　　D. 保护措施

97. 耐张塔挂线前，未使用导体将耐张绝缘子串（　　）。

A. 连接　　B. 并接　　C. 串接　　D. 短接

98. 在存有易燃易爆危险化学品的区域和地方政府划定的森林草原防火区及森林草原防火期，地方政府划定的禁火区及禁火期、含油设备周边等禁火区域禁止携带火种、使用明火、吸烟或动火作业。在易燃物品（　　）进行焊接，应采取防火隔离、防护等安全措施，下方有监护人。

A. 前方　　B. 后方　　C. 上方　　D. 下方

99. 动火作业前，将盛有或盛过易燃易爆等化学危险物品的容器、设备、管道等生产、储存装置与生产系统隔离，清洗置换，（　　）可燃气体（蒸气）含量，或可燃气体（蒸气）含量合格。

A. 检测　　B. 检查　　C. 了解　　D. 测量

100. 未对危险化学品废弃物进行无害化处理，未采取防扬散、防流失、防渗漏或者其他防止污染环境的措施，擅自倾倒、堆放、丢弃或遗撒危险化学品属于（　　）。

A. Ⅰ类严重违章　　B. Ⅱ类严重违章

C. Ⅲ类严重违章　　D. 一般违章

101. 带电断、接空载线路时，线路后端所有断路器（开关）和隔离开关（刀闸）未全部断开，变压器、电压互感器未全部退出运行属于（　　）。

A. Ⅰ类严重违章　　B. Ⅱ类严重违章

C. Ⅲ类严重违章　　D. 一般违章

102. 带电作业断开的引线、未接通的预留引线送电前，需采取防止（　　）的措施或与周围接地构件、不同相带电体安全距离不足。

A. 误动　　B. 摆动　　C. 掉落　　D. 乱动

103. 《国家电网有限公司作业安全风险管控工作规定》“需要现场勘察的典型作业项目”组织现场勘察且留存勘察记录，工作票（作业票）（　　）均参加现场勘察。

A. 签发人和工作许可人　　B. 工作负责人和工作许可人

C. 工作许可人和工作班成员　　D. 签发人和工作负责人

104.“超过一定规模的危险性较大的分部分项工程”（含大修、技改等项目），未组织编制专项施工方案（含安全技术措施），未按规定论证、审核、审批、交底及现场监督实施，属于（　　）。

A. 管理违章和行为违章　　B. 管理违章

C. 行为违章　　D. 装置违章

105. 监理人员未经安全准入考试并合格；监理项目部关键岗位（总监、总监代表、安全监理、专业监理等）人员不具备相应资格；总监理工程师兼任工程数量超出规定允许数量，属于（　　）。

A. Ⅰ类严重违章　　B. Ⅱ类严重违章

C. Ⅲ类严重违章　　D. 一般违章

106. 作业现场未布设与安全风险管控平台作业计划绑定的视频监控设备，或视频监控设备未开机、未拍摄现场作业内容，属于（　　）。

A. 一般违章　　B. Ⅲ类严重违章

C. Ⅱ类严重违章　　D. Ⅰ类严重违章

107. 放线区段有跨越、平行带电线路时，牵引机及张力机出线端的导（地）

线及牵引绳上应安装（　　）。

A. 电缆滑车　　B. 轨道滑车　　C. 动力滑车　　D. 接地滑车

108. 高压带电作业应穿戴绝缘手套等绝缘防护用具；高压带电断、接引线或带电断、接空载线路时应戴（　　）。

A. 护目镜　　B. 手套　　C. 绝缘手套　　D. 眼镜

109. 起重机车轮、支腿或履带的前端、外侧与沟、坑边缘的距离小于沟、坑深度的（　　）倍时，未采取防倾倒、防坍塌措施。

A. 0.9　　B. 1　　C. 1.5　　D. 1.2

110. 链条葫芦、手扳葫芦、吊钩式滑车等装置的吊钩和起重作业使用的吊钩须有（　　）的保险装置。

A. 防腐措施　　B. 防锈措施

C. 防止脱钩　　D. 限位措施

111. 绞磨、卷扬机机未放置在平整、坚实、无障碍物的场地上；绞磨、卷扬机锚固在树木或外露岩石等承力大小不明物体上；地锚、拉线设置不满足现场实际受力安全要求；受力前方有人；拉磨尾绳人员位于锚桩前面或站在绳圈内属于（　　）。

A. 一般违章　　B. Ⅲ类严重违章

C. Ⅱ类严重违章　　D. Ⅰ类严重违章

112. 平衡挂线、导地线更换作业过程中，导线高空锚线应设置（　　）保护措施。

A. 四道　　B. 三道　　C. 二道　　D. 一道

113. 领导干部和专业管理人员未履行到岗到位职责，相关人员应到位而不到位、应把关而不把关、到位后现场仍存在严重违章，是（　　）违章。

A. 管理　　B. 行为　　C. 管理和行为　　D. 制度

114. 安监部门、安全督查中心、安全督查队伍不履责，未按照分级全覆盖要求开展督查、本级督查后又被上级督察发现严重违章、未对停工现场执行复查或核查，属于（　　）违章。

A. Ⅰ类严重违章　　B. Ⅱ类严重违章

C. Ⅲ类严重违章　　D. 一般违章

115. 作业现场视频终端存功能需满足储卡容量不低于（　　）G，具备终端开关机、视频读写等信息记录功能，并能够回传安全生产风险管控平台。

A. 128　　B. 32　　C. 64　　D. 256

116. 在屋顶及其他危险的边沿工作，临空一面作业人员应使用安全带且必须装设（　　）或防护栏杆。

A. 安全绳　　B. 安全牌　　C. 安全网　　D. 安全遮栏

117. 高处作业应搭设脚手架、使用高空作业车、升降平台或采取其他防止坠落措施。在没有脚手架或者在没有栏杆的脚手架上工作，高度超过（　　）时，须用安全带或采取其他可靠的安全措施。

A. 1.0m　　B. 1.5m　　C. 2m　　D. 1.8m

118. 有限空间作业执行“先通风、再检测、后作业”要求，作业入口处设置（　　），配置安全防护装备、应急救援装备，当作业现场无法通过目视、喊话等方式进行沟通时，配备对讲机，在可能进入有害环境时，配备满足作业安全要求的隔绝式或过滤式呼吸防护用品。

A. 监护人　　B.“在此工作”标示牌

C. 标示牌　　D. 警示标志

119. 承包单位将其承包的全部工程转给其他单位或个人施工；承包单位将其承包的全部工程肢解以后，以分包的名义分别转给其他单位或个人施工，是（　　）。

A. 行为违章　　B. 制度违章

C. 管理违章　　D. 行为违章和管理违章

120. 特高压换流站工程启动调试阶段，建设、施工、运维等单位未按照《特高压换流站工程现场安全管理职责分工》要求明确责任界面，设备主人未按照工程移交流程进行明确，建设、施工、运维等单位未履行预试、交接、验收等环节工作责任，属于（　　）严重违章。

A. Ⅰ类严重违章　　B. Ⅱ类严重违章

C. Ⅲ类严重违章　　D. 一般违章

（二）多选题（共100道）

1. 变电现场的作业环境复杂、高风险工序多的检修，还应在（　　）前开展前期勘察，确保项目内容、停电范围和停电时间的准确性。

A. 工作票下发　　B. 项目立项

C. 安全例会　　　　D. 检修计划申报

2. 变电现场勘察时，涉及特种车辆作业时，应明确（　　）等内容。

A. 车辆行驶路线　　　　B. 作业位置

C. 作业边界　　　　D. 安全作业内容

3. Ⅰ级检修方案由省公司分管领导组织审查，（　　）参与审核把关，省公司批准。

A. 省公司设备部　　　　B. 国网设备部

C. 分部生技部　　　　D. 总部管控中心

4. 变电现场的Ⅰ～Ⅲ级检修方案应包括（　　）。

A. 编制依据　　　　B. 工作内容

C. 组织措施　　　　D. 进度控制保障措施

5. 变电现场的Ⅳ级、Ⅴ级检修方案应包括（　　）。

A. 项目内容　　B. 人员分工　　C. 停电范围　　D. 备品备件

6. 在变电倒闸操作现场作业，应建立倒闸操作任务风险分级表，将倒闸操作任务进行分类，对每类操作任务，基于风险库，综合考虑倒闸操作任务的（　　）等风险评价因素，确定倒闸操作风险基础等级。

A. 操作复杂度　　　　B. 人身和设备风险

C. 操作对电网影响　　　　D. 设备安全

7. 在各类倒闸操作任务基础风险定级基础上，综合考虑（　　）因素具体情况，对倒闸操作作业风险进行提级管控。

A. 电网风险　　　　B. 设备风险

C. 新设备启动　　　　D. 时间和环境风险

8. 变电倒闸操作现场的勘察人员应认真核对倒闸操作范围内的（　　）。

A. 设备设施运行状态

B. 隐患

C. 缺陷

D. 保护及安全自动装置（压板）投退范围

9. 变电倒闸操作现场的勘察人员应将（　　）记录清楚。

A. 特殊运行方式　　　　B. 设备特殊状态

C. 存在的隐患　　　　D. 存在的缺陷

10. 变电倒闸操作现场，到岗到位人员应检查（　　）。

A. 闸操作风险管控“一表一库”应用情况

B. 倒闸操作正确性

C. 存在的隐患

D. 倒闸操作安全措施完备性

11. 按照分层分级原则实施，省公司运检管控中心应对（ ）倒闸操作风险进行远程督查。

A. Ⅰ级　　B. Ⅱ级　　C. Ⅲ级　　D. Ⅴ级

12. 无日计划作业，或实际作业内容与日计划不符，其释义包括（ ）。

A. 日作业计划（含临时计划、抢修计划）未录入安全生产风险管控平台。

B. 安全生产风险管控平台中日计划取消后，实际作业未取消

C. 现场作业超出安全生产风险管控平台中作业计划范围

D. 当日作业开始前，工作负责人未组织召开站班会

13. 工作负责人（作业负责人、专责监护人）不在现场，或劳务分包人员担任工作负责人（作业负责人），其释义包括（ ）。

A. 工作负责人（作业负责人、专责监护人）未到现场

B. 工作负责人（作业负责人）暂时离开作业现场时，未指定能胜任的人员临时代替

C. 专责监护人临时离开未通知被监护人员停止作业或离开作业现场

D. 劳务分包人员担任工作负责人（作业负责人）

14. 无票（包括作业票、工作票及分票、操作票、动火票等）工作、无令操作，其释义包括（ ）。

A. 在运用中电气设备上及相关场所的工作，未按照《安规》规定使用工作票、事故紧急抢修单

B. 未按照《安规》规定使用施工作业票

C. 未使用审核合格的操作票进行倒闸操作

D. 未根据值班调控人员、运维负责人正式发布的指令进行倒闸操作

15. 作业人员不清楚工作任务、危险点，其释义包括（ ）。

A. 工作负责人（作业负责人）不了解现场所有的工作内容，不掌握危险点及安全防控措施

B. 专责监护人不掌握监护范围内的工作内容、危险点及安全防控措施

C. 作业人员不熟悉本人参与的工作内容，不掌握危险点及安全防控措施

D. 工作前未组织安全交底、未召开班前会（站班会）

16. 作业点未在接地保护范围，其释义包括（　　）。

A. 停电工作的设备，可能来电的各方未在正确位置装设接地线（接地刀闸）

B. 工作地段各端和工作地段内有可能反送电的各分支线（包括用户）未在正确位置装设接地线（接地刀闸）

C. 作业人员擅自移动或拆除接地线（接地刀闸）

D. 临近带电体或跨越电力线路，塔上作业人员未装设个人保安线

17. 组立杆塔、撤杆、撤线或紧线前未按规定采取防倒杆塔措施；架线施工前，未紧固地脚螺栓，其释义包括（　　）。

A. 拉线塔分解拆除时未先将原永久拉线更换为临时拉线再进行拆除作业

B. 带张力断线或采用突然剪断导、地线的做法松线

C. 耐张塔采取非平衡紧挂线前，未设置杆塔临时拉线和补强措施

D. 杆塔组立前，未核对地脚螺栓与螺母型号是否匹配

18. 高处作业、攀登或转移作业位置时失去保护，其释义包括（　　）。

A. 高处作业未搭设脚手架、使用高空作业车、升降平台或采取其他防止坠落措施

B. 在没有脚手架或者在没有栏杆的脚手架上工作，高度超过 1.0m 时，未用安全带或采取其他可靠的安全措施

C. 在屋顶及其他危险的临空一面未装设安全网或防护栏杆或作业人员未使用安全带

D. 杆塔上水平转移时未使用水平绳或设置临时扶手，垂直转移时未使用速差自控器或安全自锁器等装置

19. 有限空间作业未执行（　　）要求；未正确设置（　　）；未配置或不正确使用安全防护装备、应急救援装备，属于Ⅰ类严重违章。

A.“先通风、再检测、后作业”　　B.“先检测、再通风、后作业”

C. 监护人　　D. 工作负责人

20. 电网生产高风险作业工序［《国家电网有限公司关于进一步加强生产现场作业风险管控工作的通知》（国家电网设备〔2022〕89号）各专业“检修工序风险库”］及关键环节未按方案中（　　）开展作业属于Ⅲ类严重违章。

A. 作业方法　　B. 标准　　C. 规定程序　　D. 要求

21. 施工总承包单位或专业承包单位未派驻（　　）等主要管理人员；合同约定由承包单位负责采购的主要建筑材料、构配件及工程设备或租赁的施工机械设备，由其他单位或个人采购、租赁，属于Ⅱ类严重违章。

A. 项目负责人　　　　B. 技术负责人

C. 质量管理负责人　　　　D. 安全管理负责人

22. 未按照要求开展电网风险评估，及时发布电网风险预警、落实有效的风险管控措施，其释义包括（　　）。

A. 电网风险预警“应发未发”

B. 电网风险定级不准确，将高风险定级为低风险；低风险定级为高风险，随意扩大停电范围

C. 六级及以上电网运行未制定相应风险管控措施

D. 上下级停电计划安排不合理，造成网架结构削弱、运行可靠性降低，且未制定相应管控措施

23. 特高压换流站工程启动调试阶段，（　　）等单位责任界面不清晰，设备主人不明确，预试、交接、验收等环节工作未履行，属于Ⅱ类严重违章。

A. 建设　　B. 施工　　C. 监理　　D. 运维

24. 未按要求开展网络安全等级保护定级、备案和测评工作，其释义包括（　　）。

A. 未按照《中华人民共和国信息安全技术网络安全等级保护定级指南》要求，对信息系统进行定级，或信息系统定级与实际情况不相符

B. 未按照《国家电网有限公司网络安全等级保护建设实施细则》要求，第三级及以上系统每年开展一次网络安全等级测评，第二级信息系统上线后开展网络安全等级测评，在后续运行中按需开展测评

C. 新建系统在正式投运未向所在地公安机关和所在地电力行业主管部门进行备案

D. 开展等级保护测评的机构不符合国家有关规定，未在公安部门、国家能源局备案，或未通过电力测评机构技术能力评估

25. 建设单位将工程发包给个人或不具有相应资质的单位，其释义包括（　　）。

A. 建设单位将工程发包给自然人

B. 承包单位不具备有效的（虚假、收缴或吊销）营业执照和法人代表资

格证书，不具备建设主管部门和电力监管部门颁发的有效的（超资质许可范围，业务资质虚假、注销或撤销）业务资质证书

C. 承包单位不具备有效安全生产许可证

D. 建设单位将工程发包给列入负面清单、黑名单或限制参与投标的单位

26. 超出作业范围未经审批，其释义包括（　　）。

A. 在原工作票的停电及安全措施范围内增加工作任务时，未征得工作票签发人和工作许可人同意

B. 未在工作票上增填工作项目

C. 原工作票增加工作任务未重新办理新的工作票

D. 未履行签发、许可手续

27.（　　）在生产控制大区与广域网的纵向连接处，设置国家指定部门检测认证的电力专用纵向加密认证装置或者加密认证网关及相应设施，实现双向身份认证、数据加密和访问控制。

A. 调度中心　　B. 发电厂　　C. 变电站　　D. 线路

28. 超允许起重量起吊释义（　　）。

A. 起重设备、吊索具和其他起重工具的工作负荷，超过铭牌规定

B. 没有制造厂铭牌的各种起重机具，未经查算及荷重试验使用

C. 特殊情况下需超铭牌未经过计算和试验

D. 特殊情况下需超铭牌未经本单位分管生产的领导或总工程师批准

29. 在带电设备附近作业安全距离不够时，应采取（　　）等有效措施。

A. 绝缘遮蔽　　B. 设置围栏

C. 停电作业　　D. 设置安全警示标语

30. 防误闭锁装置与主设备（　　）；新建、改（扩）建变电工程或主设备经技术改造后，防误闭锁装置与主设备同时投运。

A. 同时设计　　B. 同时安装

C. 同时验收投运　　D. 同时验收

31. 在运行站内使用（　　）等大型机械开展作业，应经设备运维单位批准后改变施工方案规定的工作内容、工作方式等。

A. 吊车　　B. 高空作业车　　C. 检修车　　D. 挖掘机

32.（　　）车厢内禁止载人。

A. 货运汽车挂车　　B. 起重车

C. 平板车　　D. 自动倾卸车

33.（　　）需履行安全风险管理监管责任。

A. 建设管理单位　　B. 设计单位

C. 监理单位　　D. 施工单位

34. 应根据有限空间作业特点和应急预案、现场处置方案，配备使用呼吸器、（　　）等安全防护装备和应急救援装备。

A. 呼吸防护用品　　B. 气体检测仪

C. 应急救援装备　　D. 通风机

35. 现场规程每年进行一次复查、修订并书面通知有关人员；不需修订的情况下，由（　　）签署“可以继续执行”的书面文件并通知有关人员。

A. 签发人　　B. 复查人　　C. 审核人　　D. 批准人

36. 在带电设备附近作业前，应根据带电体安全距离要求，对施工作业中可能进入安全距离内的（　　）等进行计算校核。

A. 人员　　B. 车辆　　C. 机具　　D. 构件

37.（　　）等特种作业人员，未依据《特种作业人员安全技术培训考核管理规定》（国家安全生产监督管理总局令第 30 号）从应急、住建等部门取得特种作业操作资格证书。

A. 高（低）压电工　　B. 焊接与热切割作业

C. 高处作业　　D. 危险化学品安全作业

38. 作业票签发人的责任有（　　）。

A. 确认施工作业的安全性　　B. 确认作业风险识别准确性

C. 确认所派作业负责人充足　　D. 确认作业票所列安全措施正确完备

39. 检修设备所在屏柜上还有其他运行设备，屏柜内的运行设备应和检修设备有明显标志隔离，与运行设备有关的（　　）等附件应做禁止操作标志。

A. 压板　　B. 切换开关　　C. 空气开关　　D. 端子排

40. 停电跨越作业结束，作业负责人应报告工作许可人，报告的内容包括（　　）。

A. 施工方案　　B. 该线路上某处作业已经完工

C. 线路改动情况　　D. 作业人员已全部撤离

41. 使用导线、地线连接网套时应遵守（　　）规定。

A. 网套应与所夹持的导线、地线规格相匹配

B. 网套夹持导线、地线的长度不得少于导线、地线直径的 20 倍

C. 网套末端应用铁丝绑圈

D. 发现有断丝者不得使用

42. 索道架设应按（　　）因素精确计算索道架设弛度。

A. 索道设计运输能力　　B. 选用的承力索规格

C. 支撑点高度和高差　　D. 跨越物高度和索道档距

43. 安全工器具包括防止触电、灼伤、坠落、淹溺等事故或职业危害，保障作业人员人身安全的（　　）和标志牌等专用工具和器具的管理，应符合《国家电网公司电力安全工器具管理规定》。

A. 绝缘安全工器具　　B. 登高工器具

C. 安全围栏（网）　　D. 个体防护装备

44. 高处作业的平台、走道、斜道等应装设（　　）。

A. 不低于 1.2m 高的护栏　　B. 180mm 高的挡脚板

C. 不低于 1.0m 高的护栏　　D. 120mm 高的挡脚板

45.（　　）资格证书应按期复审。

A. 特种设备作业人员　　B. 特种作业人员

C. 危险化学品从业人员　　D. 从业人员

46.（　　）起重滑车、卸扣、切割机、液压工器具、手扳（链条）葫芦、卡线器、吊篮等工器具，应经有资质的第三方检验机构检测试验，具有试验合格证或试验合格报告。

A. 出厂　　B. 自制　　C. 改造　　D. 报废

47. 开关柜各高压隔室应安装（　　）。

A. 隔离装置　　B. 泄压通道　　C. 接地装置　　D. 压力释放装置

48. 设备无双重名称，或名称及编号（　　），属于Ⅲ类严重违章。

A. 不唯一　　B. 不正确　　C. 不清晰　　D. 不统一

49. 配电站、开闭所户外高压配电装置的裸露（含绝缘包裹）导电部分跨越人行过道或作业区时，对地高度应满足安全距离要求且（　　）装设护网。

A. 前侧　　B. 顶部　　C. 底部　　D. 两侧

50. 电化学储能电站（　　）应达到设计要求。

A. 电池管理系统　　B. 消防灭火系统

C. 可燃气体报警装置　　D. 通风装置

51. 高边坡上下层垂直交叉作业中间应设置（　　），并明确专人监护。

A. 隔离防护棚　　B. 防护网

C. 围栏　　D. 安全防护拦截网

52. 开挖深度较大的坡（壁）面，每下降5m应进行一次（　　）。

A. 验收　　B. 清坡　　C. 测量　　D. 检查

53. 未经本单位消防安全责任人（法人单位的法定代表人或者非法人单位的主要负责人）批准，严禁将（　　）退出运行。

A. 自动灭火装置　　B. 火灾自动报警装置

C. 电池管理系统　　D. 消防灭火系统

54. 作业票缺少（　　）等签字信息，属于Ⅲ类严重违章。

A. 许可人　　B. 审核人

C. 签发人　　D. 作业人员（含新增人员）

55. 工作票（含分票、工作任务单、动火票、作业票等）票面应包含（　　）等重要安全技术措施。

A. 防触电　　B. 防高坠

C. 防倒（断）杆　　D. 防窒息

56. 作业人员严禁擅自穿、跨越（　　）等。

A. 现场围栏（安全警戒线）

B. 隔离检修设备与运行设备的遮栏（围栏）

C. 高压试验现场围栏（安全警戒线）

D. 人工挖孔基础作业孔口围栏

57. 起吊或牵引过程中，严禁受力钢丝绳（　　），有人逗留或通过。

A. 周围　　B. 上下方　　C. 内角侧　　D. 起吊物下面

58. 紧线作业区段内有（　　）时，作业点两侧应可靠接地。

A. 交叉作业　　B. 检修作业　　C. 跨越　　D. 平行带电线路

59. 动火作业前，应将盛有或盛过易燃易爆等化学危险物品的容器、设备、管道等生产、储存装置与生产系统隔离，并（　　）。

A. 更换　　B. 清洗　　C. 养护　　D. 置换

60. 动火作业前，应检测盛有或盛过易燃易爆等化学危险物品的（　　）等生产、储存装置的可燃气体（蒸气）含量。

A. 容器　　B. 设备　　C. 管道　　D. 工器具

61. 禁止擅自（　　）危险化学品。

A. 倾倒　　B. 堆放　　C. 丢弃　　D. 遗撒

62. 采取（　　）或者其他防止污染环境的措施。

A. 防扩散　　B. 防扬散　　C. 防流失　　D. 防渗漏

63. 按《国家电网有限公司施工项目部标准化管理手册》要求，（　　）施工策划文件、开（复）工及施工进度计划、关键管理人员、特种作业人员、特种设备、施工机械、工器具、安全防护用品、工程材料等相关工程文件及报审（检查）记录。

A. 填报　　B. 审查　　C. 批准　　D. 查阅

64. 高压业扩现场勘察，（　　）应在现场勘察记录中签名。

A. 作业单位　　B. 工作负责人　　C. 值班调控员　　D. 客户

65. 涉及多专业、多单位或多专业综合性的二级及以上风险作业实施期间，现场作业风险管控协调组应常驻作业现场督导协调；每日召开例会分析部署风险管控工作；组织检查（　　）落实情况。

A. 施工方案　　B. 勘察记录

C. 现场风险管控措施　　D. 反事故措施

66. 脚手架、跨越架搭设后需经（　　）验收合格，挂验收牌后，再行投入使用。

A. 使用单位（施工项目部）　　B. 监理单位

C. 施工单位　　D. 运维单位

67. 监理单位及监理人员应执行《建设工程安全生产管理条例》规定，现场发现违章应及时（　　）。

A. 制止　　B. 停工　　C. 记录　　D. 报告

68. 电力监控系统作业开始前，未对作业人员进行（　　）。电力监控系统上工作未使用专用的（　　）。（　　）未与外网隔断、接入外网。

A. 身份鉴别和授权　　B. 调试计算机及移动存储介质

C. 调试计算机　　D. 内网机

69. 劳务分包单位自备（　　）。施工机械设备、安全工器具的（　　）或送检单位为劳务分包单位。合同约定由（　　）提供施工机械设备或安全工器具。

A. 施工机械设备或安全工器具　　B. 采购、租赁

C. 劳务分包单位　　　　　　D. 施工单位

70. 系统一次运行方式变更或在保护装置（含稳控装置）上进行工作时，应按规定变更（　　）等运行状态。

A. 硬压板　　B. 空开　　C. 操作把手　　D. 软压板

71. 以下属于监理严重违章的是（　　）。

A. 监理单位和人员未通过安全生产风险管控平台准入

B. 监理项目部关键岗位（总监、总监代表、安全监理、专业监理等）人员不具备《国家电网有限公司监理项目部标准化管理手册》规定的相应资格

C. 总监理工程师兼任多个

D. 总监理工程师兼任2～3个非特高压变电工程或总长未超过50km的非特高压

72. 工作接地线应全部列入工作票，按票面要求准确登录（　　）等信息。

A. 安装位置　　B. 编号　　C. 装设时间　　D. 拆除时间

73. 涉及多专业、多单位或多专业综合性的（　　）及以上风险作业，上级单位应成立由（　　）以上领导担任负责人、相关单位或专业部门负责人参加的现场作业风险管控协调组。

A. 二级　　B. 三级　　C. 总师　　D. 副总师

74. 二、三级风险作业（　　）应到岗到位。

A. 相关地市公司级单位专业管理部门负责人

B. 建设管理单位专业管理部门负责人

C. 建设管理单位专业管理部门管理人员

D. 县公司级单位负责人

75. 挖坑时，应及时清除坑口附近的浮土、石块，路面铺设材料和泥土应分别堆置，在堆置物堆起的斜坡上不得放置（　　）等器物。

A. 工具　　B. 桩锚　　C. 杆塔　　D. 材料

76. 在下水道、煤气管线、潮湿地、垃圾堆或有腐殖物等附近挖坑时，应设监护人。在挖深超过2m的坑内工作时，应采取安全措施，如（　　）等。

A. 戴口罩　　B. 戴防毒面具　　C. 向坑中送风　　D. 持续检测

77. 在带电作业过程中，工作负责人发现或获知相关设备发生故障，应（　　）。

A. 立即停止工作

B. 撤离人员

C. 报告上级

D. 立即与值班调控人员或运维人员取得联系

78. 带电作业，应穿戴绝缘防护用具包括（　　）。

A. 绝缘服或绝缘披肩、绝缘袖套　　B. 绝缘手套、绝缘鞋

C. 绝缘安全帽　　D. 绝缘梯

79. 带电断、接空载线路所接引线长度应适当，与（　　）应有足够安全距离，连接应牢固可靠。

A. 周围接地构件　　B. 带电线路

C. 作业人员　　D. 不同相带电体

80. 带电接入架空线路与空载电缆线路的连接引线之前，应确认（　　），并与负荷设备断开。

A. 电缆线路试验合格　　B. 架空线路空载

C. 对侧电缆终端连接完好　　D. 接地已拆除

81. 用绝缘分流线或旁路电缆短接设备时，短接前（　　）。

A. 应核对相位

B. 载流设备应处于正常通流或合闸位置

C. 断路器（开关）应取下跳闸回路熔断器

D. 断路器（开关）应锁死跳闸机构

82. 带负荷更换高压隔离开关（刀闸）、跌落式熔断器，安装绝缘分流线时应有防止（　　）的措施。

A. 跌落式熔断器意外合上　　B. 高压隔离开关（刀闸）意外合上

C. 高压隔离开关（刀闸）意外断开　　D. 跌落式熔断器意外断开

83. 高压电缆旁路作业，旁路电缆终端与环网柜（分支箱）连接前应进行外观检查，绝缘部件表面应（　　），并确认环网柜（分支箱）柜体可靠接地。

A. 清洁　　B. 干燥　　C. 无绝缘缺陷　　D. 光滑

84. 带电立、撤杆作业时，杆根作业人员应（　　），起重设备操作人员应穿绝缘靴。起重设备操作人员在作业过程中不得离开操作位置。

A. 戴护目镜　　B. 穿绝缘靴　　C. 穿绝缘鞋　　D. 戴绝缘手套

85. 带电作业工具应（　　），并按厂家使用说明书、现场操作规程正确使用。

A. 绝缘良好　　B. 连接牢固　　C. 转动灵活　　D. 表面光滑

86. 运输过程中，带电绝缘工具应装在专用工具袋、工具箱或专用工具车内，以防（　　）。发现绝缘工具受潮或表面损伤、脏污时，应及时处理并经试验或检测合格后方可使用。

A. 受潮　　B. 损伤　　C. 丢失　　D. 晃动

87. 禁止使用有（　　）的带电作业装备、工具。

A. 受潮　　B. 损伤　　C. 变形　　D. 失灵

88.（　　）的二次回路变动时，应及时更改图纸，并按经审批后的图纸进行。

A. 继电保护装置　　B. 配电自动化装置

C. 安全自动装置和仪表　　D. 自动化监控系统

89.（　　）的二次绕组应有一点且仅有一点永久性的、可靠的保护接地。工作中，禁止将回路的永久接地点断开。

A. 电流互感器　　B. 电压互感器

C. 继电保护装置　　D. 配电自动化装置

90. 二次回路通电或耐压试验前，应（　　）后，方可加压。

A. 通知调控人员

B. 通知运维人员和其他有关人员

C. 派专人到现场看守

D. 检查二次回路及一次设备上确无人工作

91. 电压互感器的二次回路通电试验时，应（　　），防止由二次侧向一次侧反送电。

A. 电压互感器停电

B. 取下电压互感器高压熔断器或拉开电压互感器一次刀闸

C. 将二次回路断开

D. 断开电压互感器二次侧永久性接地点

92. 工作中，需临时停用（　　）时，应向调度控制中心申请，经值班调控人员或运维人员同意，方可执行。

A. 有关保护装置　　B. 配电自动化装置

C. 安全自动装置　　D. 自动化监控系统

93. 继电保护、配电自动化装置、安全自动装置及自动化监控系统做传动试验或一次通电或进行直流系统功能试验前，应（　　）后，方可进行。

A. 通知运维人员　　B. 通知有关人员

C. 通知工作票签发人　　D. 指派专人到现场监视

94. 继电保护、配电自动化装置、安全自动装置及自动化监控系统（　　）前，应通知运维人员和有关人员，并指派专人到现场监视后，方可进行。

A. 做传动试验　　B. 一次通电

C. 进行直流系统功能试验　　D. 校验

95. 检验继电保护、配电自动化装置、安全自动装置和仪表、自动化监控系统和仪表的工作人员，不得操作（　　）。

A. 运行中的设备　　B. 信号系统

C. 保护压板　　D. 试验仪器

96. 高压试验不得少于两人，试验负责人应由有经验的人员担任。试验前，试验负责人应向全体试验人员交代（　　）。

A. 工作中的安全注意事项　　B. 邻近间隔的带电部位

C. 邻近线路设备的带电部位　　D. 被试验设备带电情况

97. 带电插拔肘型电缆终端接头时应（　　）。

A. 使用绝缘操作棒　　B. 戴绝缘手套

C. 戴护目镜　　D. 穿绝缘靴

98. 电力电缆施工作业时，在（　　）不得对喷灯加油、点火。

A. 变压器附近　　B. SF_6断路器（开关）附近

C. 电缆沟洞内　　D. 带电设备附近

99. 制作环氧树脂电缆头和调配环氧树脂过程中，应采取（　　）措施。

A. 防风　　B. 防毒　　C. 防水　　D. 防火

100. 电缆故障声测定点时，禁止直接用手触摸（　　），以免触电。

A. 电缆外皮　　B. 电缆支架　　C. 冒烟小洞　　D. 电缆管道

（三）判断题（共 100 道）

1. 变电现场作业中的Ⅰ～Ⅲ级检修必须开展现场勘察，Ⅳ级、Ⅴ级检修根据作业内容无需开展现场勘察。（　　）

2. 因停电计划变更、设备突发故障或缺陷等原因导致停电区域、作业内

容、作业环境发生变化时，根据实际情况无需再进行现场勘察。（　）

3. 变电现场的Ⅲ级检修方案由地市级单位设备管理部门组织编制，检修项目实施前15日完成。（　）

4. 变电现场的Ⅲ级检修单个作业面的安全与质量管控难度低、作业人员相对集中，其检修方案可用“Ⅴ级检修方案+标准作业卡”替代。（　）

5. 检修方案编写时，应参考“检修工序风险库”将作业过程中涉及的关键工序及管控措施覆盖全面。（　）

6. 变电现场因停电计划临时变更、设备突发故障或缺陷等原因导致检修内容变化时，应结合实际内容补充完善检修方案，并重新履行审批流程。（　）

7. 变电现场的Ⅲ级检修中涉及220kV及以上设备A类、B类的检修要求地市级单位设备管理部门负责人或管理人员应到岗到位。（　）

8. 管理人员应选择复杂运维操作、作业内容调整引起安全措施变更及Ⅰ级、Ⅱ级检修送电等关键环节到岗到位。（　）

9. 两个及以上专业、单位参与的改造、扩建、检修等综合性作业，应成立由本级单位领导任组长，相关部门、单位参加的现场作业风险管控协调组。（　）

10. 承包单位将其承包的工程分包给个人；施工总承包单位或专业承包单位将工程分包给不具备相应资质单位属于行为违章。（　）

11. 施工总承包单位将施工总承包合同范围内工程主体结构的施工分包给其他单位；专业分包单位将其承包的专业工程中非劳务作业部分再分包；劳务分包单位将其承包的劳务再分包属于Ⅰ类严重违章。（　）

12. 承发包双方依法签订安全协议并明确双方应承担的安全责任。（　）

13. 将高风险作业定级为低风险，属于Ⅲ类严重违章。（　）

14. 跨越带电线路展放导（地）线作业，需采取搭设跨越架及封网等措施。（　）

15. 盛装危险化学品的容器在净化处理前，需更换原安全标签。（　）

16. 设备系统变动时，在投运前应对现场规程进行补充或对有关条文进行修订并通知设备运维人员。（　）

17. 在一次设备送电前，应组织检查保护装置（含稳控装置）运行状态，

保护装置（含稳控装置）异常告警。（ ）

18. 新进、转岗和离岗 3 个月以上电气作业人员，经安全教育培训后方可上岗工作。（ ）

19. 特种设备使用单位未向特种设备安全监督管理部门办理使用登记，未取得使用登记证书属于Ⅰ类严重违章。（ ）

20. 特种设备未定期检验或检验不合格属于管理违章。（ ）

21. 自制或改造起重滑车、卸扣、切割机、液压工器具、手扳（链条）葫芦、卡线器、吊篮等工器具，应经任意第三方检验机构检测试验，有试验合格证或试验合格报告。（ ）

22. 非旁路作业时，带负荷断、接引线，或用断、接空载线路的方法使两电源解列或并列属于Ⅱ类严重违章。（ ）

23. 货运索道载人属于Ⅱ类严重违章。

24. 没有资质的单位或个人借用其他施工单位的资质承揽工程属于Ⅰ类严重违章。（ ）

25. 电化学储能电站电池管理系统、消防灭火系统、可燃气体报警装置、通风装置未达到设计要求或故障失效属于行为违章。（ ）

26. 误动、误碰运行二次回路或误（漏）接线属于Ⅲ类严重违章。（ ）

27. 开挖深度较大的坡（壁）面，每下降 3m 进行一次清坡、测量、检查；对断层、裂隙、破碎带等不良地质构造的高边坡，应按设计要求采取锚喷或加固等支护措施。（ ）

28. 平衡挂线时，在同一相邻耐张段的同相（极）导线上可以进行其他作业。（ ）

29. 须经本单位消防安全责任人（法人单位的法定代表人或者非法人单位的主要负责人）批准，将自动灭火装置、火灾自动报警装置退出运行。（ ）

30. 操作票发令、操作开始、操作结束时间以及工作票（含分票、工作任务单、动火票、作业票等）签发、许可、计划开工、结束时间存在逻辑错误或与实际不符属于Ⅱ类严重违章。（ ）

31. 重要工序、关键环节作业未按施工方案或规定程序开展作业；作业人员未经批准改变已设置的安全措施属于行为违章。（ ）

32. 在油罐区、注油设备、电缆间、计算机房、换流站阀厅等防火重点部位（场所）以及政府部门、本单位划定的禁止明火区动火作业时，未使用动火

票属于Ⅱ类严重违章。（ ）

33. 货运索道超载使用属于Ⅱ类严重违章。（ ）

34. 工作票（包括作业票、动火票等）票种使用错误属于管理违章。（ ）

35. 在作业中，可以使用金具U型环代替卸扣，使用普通材料的螺栓取代卸扣销轴。（ ）

36. 放线区段有跨越、平行输电线路时，导（地）线或牵引绳未采取接地措施，属于Ⅲ类严重违章。（ ）

37. 工作票（含分票、工作任务单、动火票等）票面线路名称（含同杆多回线路双重称号）、设备双重名称填写错误属于Ⅲ类严重违章。（ ）

38. 动火作业前，应该将盛有或盛过易燃易爆等化学危险物品（汽油、乙醇、乙炔、液化气体等《危险货物品名表》《危险化学品名录》所列化学危险物品）的容器、设备、管道等生产、储存装置与生产系统隔离，并且清洗置换。（ ）

39. 作业现场民用爆炸物品临时存放点安全保卫措施不符合《民用爆炸物品安全管理条例》《爆破安全规程》《国家电网有限公司民用爆炸物品安全管理工作规范》等规定要求属于管理违章。（ ）

40. 擅自倾倒、堆放、丢弃或遗撒危险化学品属于Ⅲ类严重违章。（ ）

41. 非旁路作业时，应当不带负荷断、接引线。（ ）

42. 在运行站内使用吊车、高空作业车、挖掘机等大型机械开展作业前，施工方案应经建管单位批准。（ ）

43. 较大（二、三级）作业风险管控措施应由地市级单位分管领导组织审核，工程施工作业由业主（监理）项目部审核。（ ）

44. 起吊精密物件、不易吊装的大件或在复杂场所（人员密集区、场地受限或存在障碍物）进行大件吊装必须有专人指挥。（ ）

45. 未经供电单位验收合格的客户受电工程擅自接（送）电属于管理违章。（ ）

46. 现场勘察记录缺少与作业相关的临近带电体、交叉跨越、周边环境、地形地貌、土质、临边等安全风险属于Ⅱ类严重违章。（ ）

47. 脚手架、跨越架搭设后未经使用单位（施工项目部）、监理单位验收合格，未挂验收牌，即投入使用。（ ）

48. 对“超过一定规模的危险性较大的分部分项工程”（含大修、技改等项目），要组织编制专项施工方案（含安全技术措施），并且按规定论证、审核、审批、交底及现场监督实施。（　　）

49. 一级风险作业，应该有相关地市公司级单位或建设管理单位副总师及以上领导到岗到位；省公司级单位专业管理部门到岗到位。（　　）

50. 电力监控系统作业过程中，未经授权，接入非专用调试设备，或调试计算机接入外网属于Ⅱ类严重违章。（　　）

51. 劳务分包单位需要自备施工机械设备或安全工器具。（　　）

52. 施工方案应由劳务分包单位或劳务分包单位人员编制。（　　）

53. 监理单位、监理项目部、监理人员应当对三级及以上作业风险进行旁站监理。（　　）

54. 安全风险管控平台上的作业开工状态与实际不符；作业现场未布设与安全风险管控平台作业计划绑定的视频监控设备，或视频监控设备未开机、未拍摄现场作业内容属于行为违章。（　　）

55. 应拉断路器（开关）、应拉隔离开关（刀闸）、应拉熔断器、应合接地刀闸、作业现场装设的工作接地线在工作票上准确登录；并且工作接地线按票面要求准确登录安装位置、编号、挂拆时间等信息。（　　）

56. 高压带电作业必须要穿戴绝缘手套等绝缘防护用具；高压带电断、接引线或带电断、接空载线路时应该佩戴护目镜。（　　）

57. 起重机车轮、支腿或履带的前端、外侧与沟、坑边缘的距离小于沟、坑深度的 1.2 倍时，应该采取防倾倒、防坍塌措施。（　　）

58. 链条葫芦、手扳葫芦吊钩应加装封口部件。（　　）

59. 跨越不停电线路时，跨越档两端的导线可不接地。（　　）

60. 更换绝缘子串和移动导线作业过程中，采用单吊（拉）线装置时，应设置防导线脱落的后备保护措施。（　　）

61. 作业现场被查出一般违章后，应该通过整改核查再恢复作业。（　　）

62. 三级及以上风险作业管理人员（含监理人员）未到岗到位进行管控属于管理违章。（　　）

63. 作业现场视频终端存储卡容量不低于 256G，要具备终端开关机、视频读写等信息记录功能，并能够回传安全生产风险管控平台。（　　）

64. 电容性设备检修前、试验结束后应逐相放电并接地；星形接线电容器

的中性点可不接地。 （ ）

65. 作业现场存在重大事故隐患被政府安全监管部门要求停止施工、停止使用有关设备、设施、场所或者立即采取排除危险的整改措施时，要立即执行。 （ ）

66. 作业现场存在《国家电网有限公司重大、较大安全隐患排查清单》所列重大安全隐患需先排除隐患，后组织作业。 （ ）

67. 在符合相关规定的前提下，建设单位可以将工程发包给个人或具有相应资质的单位。 （ ）

68. 建设单位将工程包给列入负面清单、黑名单或者限制参与投标的单位属于Ⅱ类严重违章。 （ ）

69. 《用人单位劳动防护用品管理规范》规定，使用的个体防护装备、绝缘安全工器具、登高工器具等专用工具和器超过有效使用期限，经检查未发现明显损坏或零部件缺失可以继续使用。 （ ）

70. 在工作现场使用，达到报废标准的或者超出检验期的安全工器具属于Ⅰ类严重违章。 （ ）

71. 在互感器二次回路上工作，未采取防止电流互感器二次回路开路，电压互感器二次回路短路的措施属于Ⅱ类严重违章。 （ ）

72. 专责监护人长时间离开作业现场时，应由工作票签发人变更专责监护人。 （ ）

73. 在客户侧营销现场作业，未经供电方许可人和客户方许可人共同对工作票或现场作业工作卡进行许可，即开始工作。 （ ）

74. 在油罐区、注油设备、电缆间、计算机房、换流站阀厅等防火重点部位（场所）以及政府部门、本单位划定的禁止明火区动火作业时，不需要使用动火票。 （ ）

75. 操作设备双重名称，拉合开关、刀闸的顺序以及位置检查、验电、装拆接地线（拉合接地刀闸）、投退保护压板（软压板）等关键内容遗漏或错误属于Ⅱ类严重违章。 （ ）

76. 票面（包括作业票、工作票及分票、动火票、操作票等）双重名称、编号或时间涂改属于Ⅲ类严重违章。 （ ）

77. 原工作票增加工作任务需变更或增设安全措施时，不必重新办理新的工作票，只需履行签发、许可手续。 （ ）

78. 运行线路设备、施工用电线路、电动机械及照明设备拆除后，带电部分未处理属于Ⅲ类严重违章。（　　）

79. 工作地段各端和工作地段内有可能反送电的各分支线（包括用户）未在正确位置装设接地线（接地刀闸）即可进行作业。（　　）

80. 作业人员不能擅自移动或拆除接地线（接地刀闸）。（　　）

81. 现场勘察完成后，应采用文字、图片或影像等方式规范填写勘察记录。（　　）

82. Ⅰ级检修方案由省公司设备部组织编制，检修项目实施前30日完成。（　　）

83. Ⅴ级检修方案由班组组织编制，检修项目实施前5日完成。县公司级单位管理人员组织审查，县公司级单位批准。（　　）

84. Ⅳ级检修方案由县公司级单位组织编制，检修项目实施前5日完成。县公司级单位负责人组织审查，县公司级单位批准，地市级单位设备管理部门备案。（　　）

85. 按倒闸操作任务及范围，分为全站停送电、新设备启动投运、母线停复役、主变或线路旁路代、倒母线、变压器停复役、线路停复役、开关停复役、开关柜停复役、电容器停复役、电抗器停复役、电压互感器停复役、站用电停复役、保护投退等14类操作任务，编制倒闸操作风险基础分级表（详见附录1），用于指导倒闸操作作业风险差异化管控工作。（　　）

86. 聚焦倒闸操作实施的时间段和环境因素，针对时间和环境对人精神状态的影响程度，对倒闸操作任务进行风险综合评价。每日00:00至05:00进行倒闸操作，或雷雨、8级及以上大风或冰雪等恶劣天气必须进行倒闸操作时，相应操作风险评级提升两个风险等级。同类作业对应的故障抢修，其风险等级提级。（　　）

87. 完善风险防控机制。构建总部、省公司、超高压（地市）公司三级生产管控体系，规范运作超高压公司生产管控中心，因地制宜建设地市公司生产管控中心，开展检修计划执行、风险防控措施落实、现场作业安全保障等常态化监督；全面落实现场“五级五控”，强化现场作业的关键环节管控，形成“点面”结合、“远近”互补的防控机制。（　　）

88. 业务数字化，建立统一的标准规范，打造面向换流站运检全业务的移动集成应用，贯通业务系统数据，实现班组减负和提质增效。（ ）

89. 检修计划统筹，协同调度、基建部门落实检修计划“八项统筹”要求，严格执行分级检修，降低作业管控风险，提升检修计划利用率。（ ）

90. 检修模式优化，按照“化零为整、化整为零、先降后控”原则，统筹开展全停检修、不停检修和陪停检修，降低集中检修风险。（ ）

91. 关键区域智能巡视，综合应用全自动巡检、图像监控等系统，实现换流变、阀厅区域远程智能巡检系统人工替代，从而降低人员强度和作业风险。（ ）

92. 离线测试在线替代，在直流现场作业中利用绝缘油在线监测系统、红外测温系统等在线监测系统监测结果，替代部分人工离线作业，提高人工试验频次。（ ）

93. 故障抢修方案应按照相应风险等级要求组织编审批，抢修工作开始后完成。（ ）

94. 方案的编制应综合考虑现场作业的复杂程度，综合考虑各类危险点并提出应对措施，包括停电主设备安全防护、作业关键点及施工工序、作业人员种类及交叉管控措施、各施工单位协作沟通机制、临近带电设备隔离措施等。（ ）

95. Ⅰ～Ⅴ级检修应包括编制依据、工作内容、组织措施、安全措施、技术措施、物资采购保障措施、进度控制保障措施、检修验收要求等内容。（ ）

96. 检修方案编写时，应参考《检修工序风险库》将涉及的关键工序及管控措施覆盖全面，并在每月工作安排中重点突出。（ ）

97. 在直流现场作业中杜绝无方案作业，因停电计划临时变更、设备突发故障或缺陷等原因导致检修内容变化时，应结合实际内容补充完善检修方案，并履行审批流程。（ ）

98. Ⅴ级检修：换流站管理人员必要时到岗到位。（ ）

99. 检修人员应严格持卡标准作业，加强工序执行过程和检修试验数据的记录，确保检修范围内的设备“应修必修”。（ ）

100. 落实“双准入”要求，加强外包人员入场核查，严格执行外包作业

“双勘察”“双交底”“双签发”。（　）

（四）填空题（共 80 道）

1. 国家电网公司为进一步加强生产作业风险管控，推行________，构建生产现场作业________风险防控体系。

2. 根据检修实施进度，按日落实________措施、带电区域隔离安措、高风险作业工序等，动态调整现场到岗到位和远程督查安排。

3. 直流现场作业中Ⅰ、Ⅱ级检修应每日召开例会进行日管控，由换流站运维管理部门、各作业面负责人参加，对当日工作进行全面点评，对次日工作进行全面安排，对主要问题进行集中决策，形成日报并报________。

4. 加强在运设备运维，严格落实检修期间“电网运行风险预警通知单”相关运维保障措施要求，加强在运一、二次设备特巡特护，并做好________。

5. 强化隔离措施落实，重点加强Ⅰ、Ⅱ级检修作业现场安措布置管理，做好________、网络隔离、控保系统软件隔离，落实临电设备物理硬隔离措施。

6. 指定专人，每日开展隔离措施现场核查，确保电网风险________。

7. 检修工作全部完成后以及________等关键环节阶段性完成后，作业班组应及时开展自验收，自验收合格后申请所属运维单位验收。

8. 各级设备管理部门按照作业风险分级开展验收工作监督，其中Ⅰ、Ⅱ级检修由省公司设备部选派专业技术人员参加，Ⅲ～Ⅴ级检修由________选派专业技术人员参加。

9. Ⅰ、Ⅱ级检修验收前，应根据规程规范要求、设备说明书、标准作业卡、检修方案等编制验收标准作业卡，验收完成后编制验收报告。验收人员应在验收报告或标准作业卡（Ⅲ～Ⅴ级验收）的“执行评价”栏中记录验收情况并签字，验收资料至少保留________。

10. Ⅰ、Ⅱ级检修总结报告由省公司设备部组织超高压公司（直流公司）编制，检修项目竣工后________内完成，30 日内报送国网设备部备案。

11. Ⅲ级检修总结报告由超高压公司（直流公司）设备管理部门组织换流站编制，检修项目竣工后 7 日内完成，________报送省公司设备部备案。

12. 国网设备部每年对________检修管理要求的落实情况进行检查考核。

13. 超高压公司（直流公司）设备管理部门每年对________的管理要求落

实情况进行检查考核。

14. 建立提升跨区直流系统能量可用率工作的奖惩机制，鼓励“________”，对工作表现突出、充分结合停电开展工作提升跨区直流系设备安全水平和能量可用率的给予表彰和奖励；对工作落实不到位造成跨区直流系统重复停电、能量可用率降低的应通报批评。

15. 检查考核采用________的方式开展。检查考核内容包括检修质量、检修计划和方案、标准化作业等，重点关注作业风险分级是否准确、安全管控措施是否有效、到岗到位要求是否落实。

16. 通过检查考核，督促各单位严格落实检修管理要求，结合实际执行情况对“________”风险管控体系进行完善，推动现场作业风险管控水平不断提升。

17. 存在重大事故隐患而不排除，冒险组织作业；存在________被要求停止施工、停止使用有关设备、设施、场所或者立即采取排除危险的整改措施，而未执行的。

18. 作业环境复杂、高风险工序多的检修，还应在项目立项、检修计划申报前开展前期勘察，确保________的准确性。

19. 勘察内容：现场勘察时，应仔细核对检修设备台账，核查设备运行状况及存在缺陷，梳理技改大修、隐患治理等任务要求，分析现场________，并对作业风险分级的准确性进行复核。涉及特种车辆作业时，还应明确车辆行驶路线、作业位置、作业边界等内容。

20. Ⅰ级检修方案由省公司设备部组织编制，检修项目________15 日完成。省公司分管领导组织审查，国网设备部、分部生技部、总部管控中心参与审核把关，省公司批准。

21. Ⅰ～Ⅲ级检修方案应包括编制依据、工作内容、组织措施、________、技术措施、物资采购保障措施、进度控制保障措施、检修验收要求等内容。

22. Ⅰ～Ⅲ级检修方案多作业面同时开展或涉及重大项目的检修，必要时按作业面或重大项目________专项方案，作为附件与检修方案共同审批。

23. Ⅳ级、Ⅴ级检修方案应包括项目内容、人员分工、________、备品备件及工机具等内容。

24. 将倒闸操作任务进行分类，对每类操作任务，基于风险库，综合考虑倒闸操作任务的操作复杂度、人身和设备风险、操作对电网影响等风险评价因素，确定________。

25. 在各类倒闸操作任务基础风险定级基础上，综合考虑电网风险、设备风险、新设备启动、时间和环境风险四个风险因素具体情况，对倒闸操作作业风险进行________。

26. 勘察人员应认真核对________设备设施运行状态、隐患、缺陷、保护及安全自动装置（压板）投退范围等信息。

27. 应将________、设备特殊状态、存在的隐患或缺陷等记录清楚。

28. 到岗到位人员应检查倒闸操作风险管控“________”应用情况，检查倒闸操作正确性、组织措施、技术措施和安全措施完备性，倒闸操作内容和作业计划的一致性、标准作业开展情况等，督导多专业、多单位工作协同情况。

29. 按照分层分级原则实施，省公司运检管控中心应对Ⅰ级、Ⅱ级倒闸操作风险进行________，地市公司级单位运检管控中心应重点对本公司所辖Ⅰ至Ⅲ级倒闸操作风险进行远程督查，对Ⅳ、Ⅴ级倒闸操作风险进行抽查。

30. 挖坑时，应及时清除坑口附近浮土、石块，路面铺设材料和泥土应________，在堆置物堆起的斜坡上不得放置工具、材料等器物。

31. 在下水道、煤气管线、潮湿地、垃圾堆或有腐质物等附近挖坑时，应设________。

32. 在挖深超过2m的坑内工作时，应采取________，如戴防毒面具、向坑中送风和持续检测等。

33. 在带电作业过程中，工作负责人发现或获知相关设备发生故障，应立即________，撤离人员，并立即与值班调控人员或运维人员取得联系。

34. 带电作业，应穿戴________（绝缘服或绝缘披肩、绝缘袖套、绝缘手套、绝缘鞋、绝缘安全帽等）。

35. 带电断、接空载线路所接引线长度应适当，与周围接地构件、不同相带电体应有________，连接应牢固可靠。

36. 带电接入架空线路与空载电缆线路的连接引线之前，应确认________试验合格，对侧电缆终端连接完好，接地已拆除，并与负荷设备断开。

37. 用绝缘分流线或旁路电缆短接设备时，短接前应核对相位，载流设备应处于________。断路器（开关）应取下跳闸回路熔断器，锁死跳闸机构。

38. 带负荷更换高压隔离开关（刀闸）、跌落式熔断器，安装绝缘分流线时应有________开关（刀闸）、跌落式熔断器意外断开的措施。

39. 旁路电缆终端与环网柜（分支箱）连接前应进行________，绝缘部件表面应清洁、干燥，无绝缘缺陷，并确认环网柜（分支箱）柜体可靠接地。

40. 作业时，杆根作业人员应穿绝缘靴、戴绝缘手套，起重设备操作人员应穿________。起重设备操作人员在作业过程中不得离开操作位置。

41. 带电作业工具应绝缘良好、连接牢固、转动灵活，并按厂家使用说明书、现场________正确使用。

42. 运输过程中，带电绝缘工具应装在专用工具袋、工具箱或专用工具车内，以防受潮和损伤。发现绝缘工具受潮或表面损伤、脏污时，应及时处理并经________后方可使用。

43. 禁止使用有损坏、________、变形或失灵的带电作业装备、工具。

44. 继电保护装置、配电自动化装置、安全自动装置和仪表、自动化监控系统的二次回路变动时，应及时更改图纸，并按经审批后的图纸进行，工作前应隔离________，防止误拆或产生寄生回路。

45. 电流互感器和电压互感器的二次绕组应有一点且仅有一点________的、可靠的保护接地。工作中，禁止将回路的永久接地点断开。

46. 二次回路通电或耐压试验前，应通知________和其他有关人员，并派专人到现场看守，检查二次回路及一次设备上确无人工作后，方可加压。

47. 电压互感器的二次回路通电试验时，应将________断开，并取下电压互感器高压熔断器或拉开电压互感器一次刀闸，防止由二次侧向一次侧反送电。

48. 工作中，需临时停用有关保护装置、配电自动化装置、安全自动装置或自动化监控系统，应向________申请，经值班调控人员或运维人员同意，方可执行。

49. 继电保护、配电自动化装置、安全自动装置及自动化监控系统做传动试验或一次通电或进行________试验前，应通知运维人员和有关人员，并指派专人到现场监视后，方可进行。

50. 检验继电保护、配电自动化装置、________和仪表、自动化监控系统和仪表的工作人员，不得操作运行中的设备、信号系统、保护压板。

51. 高压试验不得少于两人，试验负责人应由有经验的人员担任。试验前，试验负责人应向全体试验人员交代工作中的安全注意事项，________、线路设备的带电部位。

52. 带电插拔肘型电缆终端接头时应使用________并戴绝缘手套、护目镜。

53. 使用携带型火炉或喷灯作业的安全措施：（2）不得在带电导线、带电设备、变压器、油断路器（开关）附近以及在电缆________、隧道、沟洞内对火炉或喷灯加油、点火。

54. 制作环氧树脂电缆头和调配环氧树脂过程中，应采取________措施。

55. 电缆故障声测定点时，禁止直接用手触摸电缆外皮或________。

56. 勘察原则：Ⅰ～Ⅲ级检修________开展现场勘察，Ⅳ级、Ⅴ级检修根据作业内容必要时开展现场勘察。

57. 勘察原则：因停电计划变更、设备突发故障或缺陷等原因导致停电区域、作业内容、作业环境发生变化时，根据实际情况重新组织________。

58. Ⅲ级检修方案由地市级单位设备管理部门组织编制，检修项目实施________日完成。地市级单位设备管理部门负责人组织审查，地市级单位设备管理部门批准，省公司设备部备案。

59. Ⅲ级检修________的安全与质量管控难度低、作业人员相对集中，其检修方案可用“Ⅳ级、Ⅴ级检修方案+标准作业卡”替代。

60. 检修方案编写时，应参考“检修工序风险库”将作业过程中涉及的关键工序及管控措施________，并在工作进度图中对高、中风险工序进行重点标注。

61. 因停电计划临时变更、设备突发故障或缺陷等原因导致检修内容变化时，应结合实际内容补充完善检修方案，并重新履行________。作业风险等级提级时，应按照新的作业风险等级履行方案编审批。

62. Ⅲ级检修中涉及220kV及以上设备A类、B类（核心部件3）的检修：地市级单位设备管理部门负责人或管理人员，县公司级单位负责人或管理人员应到岗到位，省公司设备部管理人员________到岗到位。

63. 管理人员应选择复杂运维操作、作业内容调整引起安全措施变更及Ⅰ级、Ⅱ级检修送电等关键环节到岗到位。高风险工序实施期间管理人员必须________。

64. 总监理工程师兼任2～3个非特高压变电工程或总长未超过________km的非特高压输电线路工程或配电网工程项目部总监，未经建设管理单位书面同意属于严重违章。

65. 涉及多专业、多单位、多班组的大型复杂作业和________管辖范围内设备检修（施工）的作业属于严重违章行为。

66. 二、三级风险作业相关地市公司级单位或建设管理单位专业管理部门负责人或管理人员、县公司级________未到岗到位属于严重违章行为。

67. 特种设备作业人员、特种作业人员、________从业人员资格证书未按期复审属于严重违章行为。

68. 自制施工工器具未经________合格属于严重违章行为。

69. 金属封闭式开关设备未按照国家、行业标准设计制造________属于严重违章行为。

70. 设备无双重名称，或名称及编号不唯一、________、不清晰属于严重违章行为。

71. 配电站、开闭所户外高压配电装置的裸露（含绝缘包裹）导电部分跨越人行过道或作业区时，对地高度不满足安全距离要求且________未装设护网属于严重违章行为。

72. 电化学储能电站电池管理系统、消防灭火系统、可燃气体报警装置、通风装置未达到设计要求或________属于严重违章行为。

73. 高边坡上下层________作业中间未设置隔离防护棚或安全防护拦截网，并明确专人监护。属于严重违章行为。

74. 开挖深度较大的坡（壁）面，每下降________未进行一次清坡、测量、检查；对断层、裂隙、破碎带等不良地质构造的高边坡，未按设计要求采取锚喷或加固等支护措施属于严重违章行为。

75. 未经本单位消防安全责任人（法人单位的法定代表人或者非法人单位的主要负责人）批准，擅自将自动灭火装置、火灾自动报警装置________属于严重违章行为。

76. 工作票（含分票、工作任务单、动火票等）票面缺少工作许可人、工作负责人、工作票签发人、工作班成员（含新增人员）等签字信息；作业票缺少审核人、________、作业人员（含新增人员）等签字信息属于严重违章行为。

77. 工作票（含分票、工作任务单、动火票、作业票等）票面防触电、防高坠、防倒（断）杆、防窒息等重要安全技术措施________属于严重违章行为。

78. 作业人员擅自穿、跨越安全围栏、________属于严重违章行为。

79. 起吊或牵引过程中，受力钢丝绳周围、上下方、内角侧和起吊物________，有人逗留或通过属于严重违章行为。

80. 紧线作业区段内有跨越、平行带电线路时，作业点________未可靠接地属于严重违章行为。

附件 “四个管住”习题集答案

一、“四个管住”初阶题库答案

（一）单选题（共100道）

1.

【题目出处】《数字化安全管控工作评价方案（试行）》

【答案】C

【答案解析】“管住队伍”指标共 4 项（2 项仅通报不考核），对各单位准入队伍规范率、队伍准入情况核查情况进行评价；通报各单位纳入负面清单的外包单位、违章数量最多的外包单位。

2.

【题目出处】《数字化安全管控工作评价方案（试行）》

【答案】B

【答案解析】评价方式：每周抽查各单位二、三级作业计划，是否存在工作票填写、执行不准确情况。

3.

【题目出处】《数字化安全管控工作评价方案（试行）》

【答案】D

【答案解析】评定标准：A 档：准入队伍规范率排名前六位。

4.

【题目出处】《数字化安全管控工作评价方案（试行）》

【答案】C

【答案解析】评定标准：C 档：计划状态执行准确率排名后六位。

5.

【题目出处】《数字化安全管控工作评价方案（试行）》

【答案】B

【答案解析】工作票准确性指标的计算公式为上传工作票日计划数/日计划总数×100%。

6.

【题目出处】《数字化安全管控工作评价方案（试行）》

【答案】C

【答案解析】工作票准确性指标中，工作票填写、执行存在一般错误属于C档。

7.

【题目出处】《数字化安全管控工作评价方案（试行）》

【答案】D

【答案解析】工作票准确性指标中，工工作票填写、执行存在关键措施未填写等严重错误属于D档。

8.

【题目出处】《数字化安全管控工作评价方案（试行）》

【答案】D

【答案解析】队伍准入情况核查指标中，存在队伍未准入、负面清单执行不到位情况属于D档。

9.

【题目出处】《数字化安全管控工作评价方案（试行）》

【答案】C

【答案解析】准入队伍规范率指标中，准入队伍规范率排名后六位属于C档。

10.

【题目出处】《数字化安全管控工作评价方案（试行）》

【答案】A

【答案解析】作业状态准确率指标中，计划状态执行准确率排名前六位属于A档。

11.

【题目出处】《数字化安全管控工作评价方案（试行）》

【答案】B

【答案解析】工作票准确性指标中，工作票填写、执行无错误属于B档。

12.

【题目出处】《国家电网公司电力安全工作规程（变电部分）》

【答案】D

【答案解析】3.1 低［电］压

用于配电的交流系统中 1000V 及以下的电压等级。

［GB/T 2900.50—2008，定义 2.1 中的 601-01-26］

13.

【题目出处】《国家电网公司电力安全工作规程（变电部分）》

【答案】A

【答案解析】3.2 高［电］压

a）通常指超过低压的电压等级。

b）特定情况下，指电力系统中输电的电压等级。

［GB/T 2900.50—2008，定义 2.1 中的 601-01-27］

14.

【题目出处】《国家电网公司电力安全工作规程（变电部分）》

【答案】B

【答案解析】4.1 为加强电力生产现场管理，规范各类工作人员的行为，保证人身、电网和设备安全，依据国家有关法律、法规，结合电力生产的实际，制定本规程。

15.

【题目出处】《国家电网公司电力安全工作规程（变电部分）》

【答案】C

【答案解析】4.3.3 具备必要的安全生产知识，学会紧急救护法，特别要学会触电急救。

16.

【题目出处】《国家电网公司电力安全工作规程（变电部分）》

【答案】D

【答案解析】4.3.4 进入作业现场应正确佩戴安全帽，现场作业人员应穿全棉长袖工作服、绝缘鞋。

17.

【题目出处】《国家电网公司电力安全工作规程（变电部分）》

【答案】D

【答案解析】4.2.1 作业现场的生产条件和安全设施等应符合有关标准、规范的要求，工作人员的劳动防护用品应合格、齐备。

18.

【题目出处】《国家电网公司电力安全工作规程（变电部分）》

【答案】D

【答案解析】4.2.2 经常有人工作的场所及施工车辆上宜配备急救箱，存放急救用品，并应指定专人经常检查、补充或更换。

19.

【题目出处】《国家电网公司电力安全工作规程（变电部分）》

【答案】B

【答案解析】4.2.3 现场使用的安全工器具应合格并符合有关要求。

20.

【题目出处】《国家电网公司电力安全工作规程（变电部分）》

【答案】A

【答案解析】4.2.4 各类作业人员应被告知其作业现场和工作岗位存在的危险因素、防范措施及事故紧急处理措施。

21.

【题目出处】《国家电网公司电力安全工作规程（变电部分）》

【答案】A

【答案解析】4.6 在试验和推广新技术、新工艺、新设备、新材料的同时，应制定相应的安全措施，经本单位批准后执行。

22.

【题目出处】《国家电网公司电力安全工作规程（变电部分）》

【答案】D

【答案解析】4.3.1 经医师鉴定，无妨碍工作的病症（体格检查每两年至少一次）。

23.

【题目出处】《国家电网公司电力安全工作规程（变电部分）》

【答案】B

【答案解析】4.3.2 具备必要的电气知识和业务技能，且按工作性质，熟悉本规程的相关部分，并经考试合格。

24.

【题目出处】《国家电网公司电力安全工作规程（变电部分）》

【答案】C

【答案解析】4.1 为加强电力生产现场管理，规范各类工作人员的行为，保证人身、电网和设备安全，依据国家有关法律、法规，结合电力生产的实际，制定本规程。

25.

【题目出处】《国家电网公司电力安全工作规程（变电部分）》

【答案】C

【答案解析】4.3.3 具备必要的安全生产知识，学会紧急救护法，特别要学会触电急救。

26.

【题目出处】《国家电网公司电力安全工作规程（变电部分）》

【答案】A

【答案解析】4.2.1 作业现场的生产条件和安全设施等应符合有关标准、规范的要求，工作人员的劳动防护用品应合格、齐备。

27.

【题目出处】《国家电网公司电力安全工作规程（变电部分）》

【答案】D

【答案解析】4.3.4 进入作业现场应正确佩戴安全帽，现场作业人员应穿全棉长袖工作服、绝缘鞋。

28.

【题目出处】《国家电网公司电力安全工作规程（变电部分）》

【答案】C

【答案解析】4.4.1 各类作业人员应接受相应的安全生产教育和岗位技能培训，经考试合格上岗。

29.

【题目出处】《国家电网公司电力安全工作规程（变电部分）》

【答案】B

【答案解析】4.4.2 作业人员对本规程应每年考试一次。因故间断电气工作连续三个月以上者，应重新学习本规程，并经考试合格后，方能恢复工作。

30.

【题目出处】《国家电网公司电力安全工作规程（变电部分）》

【答案】C

【答案解析】4.4.2 作业人员对本规程应每年考试一次。因故间断电气工作连续三个月以上者，应重新学习本规程，并经考试合格后，方能恢复工作。

31.

【题目出处】《国家电网公司电力安全工作规程（变电部分）》

【答案】B

【答案解析】4.4.3 新参加电气工作的人员、实习人员和临时参加劳动的人员（管理人员、非全日制用工等），应经过安全知识教育后，方可到现场参加指定的工作，并且不得单独工作。

32.

【题目出处】《国家电网公司电力安全工作规程（变电部分）》

【答案】B

【答案解析】4.4.4 参与公司系统所承担电气工作的外单位或外来工作人员应熟悉本规程，经考试合格，并经设备运维管理单位认可，方可参加工作。工作前，设备运维管理单位应告知现场电气设备接线情况、危险点和安全注意事项。

33.

【题目出处】《国家电网公司电力安全工作规程（线路部分）》

【答案】B

【答案解析】4.1 为加强电力生产现场管理，规范各类工作人员的行为，保证人身、电网和设备安全，依据国家有关法律、法规，结合电力生产的实际，制定本规程。

34.

【题目出处】《国家电网公司电力安全工作规程（变电部分）》

【答案】C

【答案解析】4.3.1 经医师鉴定，无妨碍工作的病症（体格检查每两年至少一次）。

35.

【题目出处】《国家电网公司电力安全工作规程（变电部分）》

【答案】C

【答案解析】4.6 在试验和推广新技术、新工艺、新设备、新材料的同时，应制定相应的安全措施，经本单位批准后执行。

36.

【题目出处】《国家电网公司电力安全工作规程（配电部分）》

【答案】D

【答案解析】1.2 任何人发现有违反本规程的情况，应立即制止，经纠正后方可恢复作业。作业人员有权拒绝违章指挥和强令冒险作业；在发现直接危及人身、电网和设备安全的紧急情况时，有权停止作业或者在采取可能的紧急措施后撤离作业场所，并立即报告。

37.

【题目出处】《国家电网公司电力安全工作规程（配电部分）》

【答案】C

【答案解析】1.2 任何人发现有违反本规程的情况，应立即制止，经纠正后方可恢复作业。作业人员有权拒绝违章指挥和强令冒险作业；在发现直接危及人身、电网和设备安全的紧急情况时，有权停止作业或者在采取可能的紧急措施后撤离作业场所，并立即报告。

38.

【题目出处】《国家电网公司电力安全工作规程（配电部分）》

【答案】C

【答案解析】1.3 在试验和推广新技术、新工艺、新设备、新材料的同时，应制定相应的安全措施，经本单位批准后执行。

39.

【题目出处】《国家电网公司电力安全工作规程（配电部分）》

【答案】C

【答案解析】1.6 本规程适用于国家电网公司系统各单位所管理的运用中的配电线路、设备和用户配电设备及相关场所。变电站、发电厂内的配电设备执行 Q/GDW 1799.1—2013《国家电网公司电力安全工作规程（变电部分）》。配电线路是指 20kV 及以下配电网中的架空线路电缆线路及其附属设备等。配电设备是指 20kV 及以下配电网中的配电站、开闭所（开关站，以下简称开闭所）、箱式变电站、柱上变压器、柱上开关（包括柱上断路器、柱上负荷开关）、环网单元、电缆分支箱、低压配电箱、电表计量箱、充电桩等。运用中的配电线路和设备，系指全部带有电压、一部分带有电压或一经操作即带有电压的配电线路和设备。

40.

【题目出处】《国家电网公司电力安全工作规程（配电部分）》

【答案】D

【答案解析】1.7 从事配电相关工作的所有人员应遵守并严格执行本规程。

41.

【题目出处】《国家电网公司电力安全工作规程（线路部分）》

【答案】C

【答案解析】3.3 运用中的电气设备指全部带有电压、一部分带有电压或一经操作即带有电压的电气设备。

42.

【题目出处】《国家电网公司电力安全工作规程（线路部分）》

【答案】B

【答案解析】3.4 事故紧急抢修工作指电气设备发生故障被迫紧急停止运行，需短时间内恢复的抢修和排除故障的工作。

43.

【题目出处】《国家电网公司电力安全工作规程（线路部分）》

【答案】C

【答案解析】3.4 事故紧急抢修工作指电气设备发生故障被迫紧急停止运行，需短时间内恢复的抢修和排除故障的工作。

44.

【题目出处】《国家电网公司电力安全工作规程（线路部分）》

【答案】B

【答案解析】3.6 双重称号即线路名称和位置称号，位置称号指上线、中线或下线和面向线路杆塔号增加方向的左线或右线。

45.

【题目出处】《国家电网公司电力安全工作规程（线路部分）》

【答案】C

【答案解析】3.6 双重称号即线路名称和位置称号，位置称号指上线、中线或下线和面向线路杆塔号增加方向的左线或右线。

46.

【题目出处】《国家电网公司电力安全工作规程（变电部分）》

【答案】C

【答案解析】4.5 任何人发现有违反本规程的情况，应立即制止，经纠正后才能恢复作业。各类作业人员有权拒绝违章指挥和强令冒险作业；在发现直接危及人身、电网和设备安全的紧急情况时，有权停止作业或者在采取可能的紧急措施后撤离作业场所，并立即报告。

47.

【题目出处】《国家电网公司电力安全工作规程（线路部分）》

【答案】C

【答案解析】4.1 为加强电力生产现场管理，规范各类工作人员的行为，保证人身、电网和设备安全，依据国家有关法律、法规，结合电力生产的实际，制定本规程。

48.

【题目出处】《国家电网公司电力安全工作规程（线路部分）》

【答案】B

【答案解析】4.4.4 参与公司系统所承担电气工作的外单位或外来工作人员应熟悉本规程，经考试合格，并经设备运维管理单位认可，方可参加工作。工作前，设备运维管理单位应告知现场电气设备接线情况、危险点和安全注意事项。

49.

【题目出处】《国家电网公司电力安全工作规程（线路部分）》

【答案】C

【答案解析】4.2.1 作业现场的生产条件和安全设施等应符合有关标准、规范的要求，工作人员的劳动院护用品应合格、齐备。

50.

【题目出处】《国家电网公司电力安全工作规程（线路部分）》

【答案】D

【答案解析】4.2.2 经常有人工作的场所及施工车辆上宜配备急救箱，存放急救用品，并应指定专人经常检查、补充或更换。

51.

【题目出处】《国家电网公司电力安全工作规程（线路部分）》

【答案】B

【答案解析】4.2.3 现场使用的安全工器具应合格并符合有关要求。

52.

【题目出处】《国家电网公司电力安全工作规程（线路部分）》

【答案】A

【答案解析】4.2.4 各类作业人员应被告知其作业现场和工作岗位存在的危险因素、防范措施及事故紧急处理措施。

53.

【题目出处】《国网安委办关于推进“四个管住”工作的指导意见》

【答案】B

【答案解析】建立健全“约谈”“说清楚”等过程管控制度，依据违章记分、安全记录等评价结果，对作业队伍安全管控情况进行动态纠偏。

54.

【题目出处】《国家电网公司电力安全工作规程（线路部分）》

【答案】D

【答案解析】4.3.1 经医师鉴定，无妨碍工作的病症（体格检查每两年至少一次）。

55.

【题目出处】《国家电网公司电力安全工作规程（线路部分）》

【答案】B

【答案解析】4.3.2 具备必要的电气知识和业务技能，且按工作性质，熟悉本规程的相关部分，并经考试合格。

56.

【题目出处】《国网安委办关于推进“四个管住”工作的指导意见》

【答案】C

【答案解析】吸取事故教训，有针对性地开展施工机具、安全工器具研发，加大作业现场机械替代力度。

57.

【题目出处】《国家电网公司电力安全工作规程（线路部分）》

【答案】A

【答案解析】4.3.3 具备必要的安全生产知识，学会紧急救护法，特别要学会触电急救。

58.

【题目出处】《国网安委办关于推进“四个管住”工作的指导意见》

【答案】D

【答案解析】四、“四个管住”支撑体系（一）安全制度体系建设。（二）安全督查队伍建设。（三）安全管控中心建设。（四）风险管控平台建设。（五）视频监控终端配置。（六）数字化安全管控智能终端应用。

59.

【题目出处】《国家电网公司电力安全工作规程（线路部分）》

【答案】D

【答案解析】4.3.4 进入作业现场应正确佩戴安全帽，现场作业人员应穿全棉长袖工作服、绝缘鞋。

60.

【题目出处】《国家电网公司电力安全工作规程（线路部分）》

【答案】B

【答案解析】4.4.2 作业人员对本规程应每年考试一次。因故间断电气工作连续三个月以上者，应重新学习本规程，并经考试合格后，方能恢复工作。

61.

【题目出处】《国家电网公司电力安全工作规程（线路部分）》

【答案】D

【答案解析】4.4.2 作业人员对本规程应每年考试一次。因故间断电气工作连续三个月以上者，应重新学习本规程，并经考试合格后，方能恢复工作。

62.

【题目出处】《国家电网公司电力安全工作规程（线路部分）》

【答案】D

【答案解析】4.2.1 作业现场的生产条件和安全设施等应符合有关标准、规范的要求，工作人员的劳动院护用品应合格、齐备。

63.

【题目出处】《国网安委办关于推进“四个管住”工作的指导意见》

【答案】A

【答案解析】管住计划是源头，计划管理是建立和维持良好生产作业秩序的前提。

64.

【题目出处】《国网安委办关于推进“四个管住”工作的指导意见》

【答案】B

【答案解析】管住计划就是要求各级管理人员抓牢作业计划这一龙头。

65.

【题目出处】《国网安委办关于推进“四个管住”工作的指导意见》

【答案】C

【答案解析】队伍是作业组织实施的载体，技术技能水平高、安全履责能力强的队伍是保障现场作业安全有序组织实施的基础。

66.

【题目出处】《国网安委办关于推进“四个管住”工作的指导意见》

【答案】D

【答案解析】管住人员是关键，人是现场作业和管控措施执行的主体，也是作业风险管控最关键因素。

67.

【题目出处】《国网安委办关于推进“四个管住”工作的指导意见》

【答案】A

【答案解析】管住现场就是在管住计划、管住人员、管住队伍的基础上，通过发挥专业保证和监督体系协同管控作用，强化作业现场技术管控，提升标准化、机械化作业能力。

68.

【题目出处】《国网安委办关于推进“四个管住”工作的指导意见》

【答案】B

【答案解析】各级专业管理部门按照“谁主管、谁负责”分级管控要求，严格执行“月计划、周安排、日管控”制度，加强作业计划与风险管控，健全计划编制、审批和发布工作机制，明确各专业计划管理人员，落实管控责任。

69.

【题目出处】《国网安委办关于推进“四个管住”工作的指导意见》

【答案】B

【答案解析】健全作业风险分级管控机制，发挥专业管控作用，持续强化作业组织管理，严审作业方案可行性，规范开展风险分析辨识、评估定级，分级制定管控措施，明确到岗到位人员。

70.

【题目出处】《国网安委办关于推进“四个管住”工作的指导意见》

【答案】A

【答案解析】依托安全生产风险管控平台，建立健全作业队伍安全资信数据库，在进场前对外部施工队伍实施安全资信审核、准入、报备管理，对外包队伍开展常态化考察，把好队伍安全准入关。

71.

【题目出处】《国网安委办关于推进“四个管住”工作的指导意见》

【答案】C

【答案解析】严防资质挂靠，严禁资质不全、资信不良队伍入网作业。

72.

【题目出处】《国网安委办关于推进“四个管住”工作的指导意见》

【答案】A

【答案解析】严格落实工程建管单位、项目管理单位责任，强化安全监督检查，及时曝光处置作业队伍的不安全行为。

73.

【题目出处】《国家电网公司电力安全工作规程（线路部分）》

【答案】C

【答案解析】4.3.1 经医师鉴定，无妨碍工作的病症（体格检查每两年至少一次）。

74.

【题目出处】《国网安委办关于推进“四个管住”工作的指导意见》

【答案】A

【答案解析】坚决剔除安全管理不合格、不满足要求的施工单位，倒逼施工作业单位从源头侧强化安全管理。

75.

【题目出处】《国网安委办关于推进“四个管住”工作的指导意见》

【答案】D

【答案解析】依托安全生产风险管控平台等信息系统，动态建立作业人员名册，全面实行实名制管理。

76.

【题目出处】《国网安委办关于推进“四个管住”工作的指导意见》

【答案】A

【答案解析】动态开展现场作业人员资质、证照核查，推行人员违章记分，实施全员安全资信记录和人员安全“负面清单”管控。

77.

【题目出处】《国网安委办关于推进“四个管住”工作的指导意见》

【答案】C

【答案解析】对作业水平低、反复违章、安全素质能力严重不足的作业人员，及时清理出场。

78.

【题目出处】《国网安委办关于推进“四个管住”工作的指导意见》

【答案】D

【答案解析】健全安全生产激励约束和人员退出机制，在深入开展现场安全督查基础上，以现场反违章工作为抓手，建立违章及时曝光和记分机制。

79.

【题目出处】《国网安委办关于推进“四个管住”工作的指导意见》

【答案】C

【答案解析】合理设置安全专项奖励，重点向基层一线人员、向承担高风险作业人员倾斜。

80.

【题目出处】《国网安委办关于推进“四个管住”工作的指导意见》

【答案】A

【答案解析】规范实施标准化作业流程，严格进场施工设备、机具管理，强化倒闸操作、安全措施布置、许可开工、安全交底、现场施工、作业监护、验收及工作终结全过程管控。

81.

【题目出处】《国网安委办关于推进“四个管住”工作的指导意见》

【答案】C

【答案解析】严格作业风险分级管控工作要求，建立健全生产作业到岗到位管理制度，明确到岗到位标准和工作内容。

82.

【题目出处】《国网安委办关于推进“四个管住”工作的指导意见》

【答案】B

【答案解析】领导干部和管理人员，按照“管业务必须管安全”原则，常态开展作业现场检查，督促作业人员落实安全责任，严格执行各项安全管控措施。

83.

【题目出处】《国网安委办关于推进“四个管住”工作的指导意见》

【答案】B

【答案解析】健全上级对下级检查、同级安全监督体系对安全保证体系督促的工作机制。

84.

【题目出处】《国网安委办关于推进“四个管住”工作的指导意见》

【答案】B

【答案解析】充分运用“四不两直”“远程+现场”等督查方式，强化现场安全督查，严肃查纠、曝光、考核各类违章行为。

85.

【题目出处】《国网安委办关于推进“四个管住”工作的指导意见》

【答案】A

【答案解析】完善违章考核激励约束机制，积极开展“无违章班组”“无违章员工”创建活动，鼓励违章自查自纠。

86.

【题目出处】《国家电网公司电力安全工作规程（线路部分）》

【答案】C

【答案解析】4.3 作业人员的基本条件

4.3.3 具备必要的安全生产知识，学会紧急救护法，特别要学会触电急救。

87.

【题目出处】《国网安委办关于推进“四个管住”工作的指导意见》

【答案】A

【答案解析】加强人工智能、边缘计算、区块链、大数据等新技术推广应用，推进数字化工作票（施工作业票）、违章智能识别、风险全景感知等技术落地，持续为安全管理工作赋智、赋能。

88.

【题目出处】《国网安委办关于推进“四个管住”工作的指导意见》

【答案】D

【答案解析】为推进“四个管住”策略有效落地，从组织管理和技术手段上做好工作支撑，确保各项要求刚性执行。

89.

【题目出处】《国网安委办关于推进“四个管住”工作的指导意见》

【答案】C

【答案解析】组建省、市、县三级安全督查队伍，配齐配足专（兼）职督查人员和督查装备，通过“四不两直”督察、远程视频督查、区域互查、专项检查等方式，对作业现场实施全面、全员、全过程、全方位监督。

90.

【题目出处】《国网安委办关于推进“四个管住”工作的指导意见》

【答案】A

【答案解析】常态化开展远程视频督查，充分发挥安全管控中心作用，对各类作业现场实施全覆盖督查。

91.

【题目出处】《国网安委办关于推进“四个管住”工作的指导意见》

【答案】A

【答案解析】深化安全生产风险管控平台建设应用，加快安全监督力量与风控平台功能深度融合，全面支撑作业风险管控，实现作业现场督查全覆盖、作业计划全覆盖、作业队伍人员全覆盖。

92.

【题目出处】《国网安委办关于推进“四个管住”工作的指导意见》

【答案】B

【答案解析】加大视频监控终端配置，丰富终端类型和组合方式，规范监控终端保管、调拨、使用、维护、网络安全等日常管理，优化视频接入、存储、共享模式，保证作业现场视频监控“全覆盖”、大型复杂现场全程监控“无死角”。

93.

【题目出处】《国网安委办关于推进“四个管住”工作的指导意见》

【答案】C

【答案解析】研发主动感知型智能安全工器具，加快推进数字化工作票建设，结合风控平台、移动作业终端、边缘计算装置、智能穿戴装备，强化作业全过程、全要素管控。

94.

【题目出处】《国网安委办关于推进“四个管住”工作的指导意见》

【答案】C

【答案解析】本指导意见是公司推行“四个管住”的总体原则和工作指导，各单位要加强意见的宣贯和学习，使各级管理人员充分理解“四个管住”的内涵和重点内容，立足岗位自觉践行“四个管住”。

95.

【题目出处】《国网安委办关于推进“四个管住”工作的指导意见》

【答案】A

【答案解析】各单位要按照“四个管住”重点内容和支撑体系建设要求，健全作业风险、安全准入、安全督查、安管中心等管理规章制度，规范工作标准和工作流程，为“四个管住”实施提供坚强保障。

96.

【题目出处】《国网安委办关于推进“四个管住”工作的指导意见》

【答案】A

【答案解析】各单位要围绕“一平台、一终端、一中心”，深化安管中心建设，完善风控平台功能，推广应用数字化安全管控智能终端，不断丰富“四个管住”实施技术手段，确保“四个管住”真正落地、落实。

97.

【题目出处】《国网安委办关于推进“四个管住”工作的指导意见》

【答案】D

【答案解析】总部将在指导意见基础上进一步完善数字化安全管控体系评价标准，从工作目标、过程管理、支撑建设三个方面对各级单位“四个管住”实施情况进行评估，通过闭环整改，持续提升管控能力和水平。

98.

【题目出处】《国家电网公司电力安全工作规程（线路部分）》

【答案】D

【答案解析】4.3.4 进入作业现场应正确佩戴安全帽，现场作业人员应穿全棉长袖工作服、绝缘鞋。

99.

【题目出处】《国网安委办关于推进“四个管住”工作的指导意见》

【答案】A

【答案解析】（四）“管住现场”1. 作业管控。2. 到岗到位。3. 现场督查。4. 智能管控。

100.

【题目出处】《国网安委办关于推进“四个管住”工作的指导意见》

【答案】D

【答案解析】（三）“管住人员”1. 人员准入。2. 安全培训。3. 动态管控。4. 考核奖惩。

（二）多选题（共 40 道）

1.

【题目出处】《数字化安全管控工作评价方案（试行）》

【答案】ABCD

【答案解析】管住队伍指标包括工作票准确性、作业状态准确率、准入队伍规范率、队伍准入情况核查、纳入负面清单的外包单位、外包单位违章数量排名。

2.

【题目出处】《数字化安全管控工作评价方案（试行）》

【答案】AD

【答案解析】工作票准确性指标的评价目标是评价工作票填写、执行准确性。

3.

【题目出处】《数字化安全管控工作评价方案（试行）》

【答案】AB

【答案解析】评价方式：统计各单位准入队伍关键信息是否包括企业名称、营业执照、统一社会信用代码、企业性质、准入状态、法人代表姓名、身份证号、联系电话、企业地址、经营期限并规范填写。

4.

【题目出处】《电力安全工作规程（线路部分）》

【答案】AD

【答案解析】3.5 设备双重名称即设备名称和编号。

5.

【题目出处】《电力安全工作规程（线路部分）》

【答案】AC

【答案解析】3.7 电力线路在系统两点间用于输配电的导线、绝缘材料和附件组成的设施。

6.

【题目出处】《电力安全工作规程（线路部分）》

【答案】ABC

【答案解析】4.1 为加强电力生产现场管理，规范各类工作人员的行为，保证人身、电网和设备安全，依据国家有关法律、法规，结合电力生产的实际，制定本规程。

7.

【题目出处】《电力安全工作规程（线路部分）》

【答案】AC

【答案解析】4.2.4 各类作业人员应被告知其作业现场和工作岗位存在的危险因素、防范措施及事故紧急处理措施。

8.

【题目出处】《电力安全工作规程（线路部分）》

【答案】AC

【答案解析】4.3.2 具备必要的电气知识和业务技能，且按工作性质，熟悉本规程的相关部分，并经考试合格。

9.

【题目出处】《电力安全工作规程（线路部分）》

【答案】AC

【答案解析】4.4.1 各类作业人员应接受相应的安全生产教育和岗位技能培训，经考试合格上岗。

10.

【题目出处】《电力安全工作规程（线路部分）》

【答案】AB

【答案解析】4.4.3 新参加电气工作的人员、实习人员和临时参加劳动的人员（管理人员、非全日制用工等），应经过安全知识教育后，方可到现场参加指定的工作，并且不准单独工作。

11.

【题目出处】《电力安全工作规程（线路部分）》

【答案】BC

【答案解析】4.4.4 参与公司系统所承担电气工作的外单位或外来工作人员应熟悉本规程，经考试合格，并经设备运维管理单位认可，方可参加工作。工作前，设备运维管理单位应告知现场电气设备接线情况、危险点和安全注意事项。

12.

【题目出处】《电力安全工作规程（线路部分）》

【答案】ABD

【答案解析】4.5 任何人发现有违反本规程的情况，应立即制止，经纠正后才能恢复作业。各类作业人员有权拒绝违章指挥和强令冒险作业；在发现直接危及人身、电网和设备安全的紧急情况时，有权停止作业或者在采取可能的紧急措施后撤离作业场所，并立即报告。

13.

【题目出处】《电力安全工作规程（线路部分）》

【答案】AB

【答案解析】4.5 任何人发现有违反本规程的情况，应立即制止，经纠正后才能恢复作业。各类作业人员有权拒绝违章指挥和强令冒险作业；在发现直接危及人身、电网和设备安全的紧急情况时，有权停止作业或者在采取可能的紧急措施后撤离作业场所，并立即报告。

14.

【题目出处】《电力安全工作规程（线路部分）》

【答案】ABCD

【答案解析】4.6 在试验和推广新技术、新工艺、新设备、新材料的同时，应制定相应的安全措施，经本单位批准后执行。

15.

【题目出处】《电力安全工作规程（配电部分）》

【答案】ABC

【答案解析】1.1 为加强配电作业现场管理，规范各类工作人员的行为，保证人身、电网和设备安全，依据国家有关法律、法规，结合配电作业实际，制定本规程。

16.

【题目出处】《国网安委办关于推进“四个管住”工作的指导意见》

【答案】AB

【答案解析】充分运用“四不两直”“远程+现场”等督查方式，强化现场安全督查，严肃查纠、曝光、考核各类违章行为。

17.

【题目出处】《电力安全工作规程（配电部分）》

【答案】ABC

【答案解析】1.6 本规程适用于国家电网公司系统各单位所管理的运用中的配电线路、设备和用户配电设备及相关场所。变电站、发电厂内的配电设备执行 Q/GDW 1799.1—2013《国家电网公司电力安全工作规程（变电部分）》。配电线路是指 20kV 及以下配电网中的架空线路、电缆线路及其附属设备等。配电设备是指 20kV 及以下配电网中的配电站、开闭所（开关站，以下简称开闭所）、箱式变电站、柱上变压器、柱上开关（包括柱上断路器、柱上负荷开关）、环网单元、电缆分支箱、低压配电箱、电表计量箱、充电桩等。运用中的配电线路和设备，系指全部带有电压、一部分带有电压或一经操作即带有电压的配电线路和设备。

18.

【题目出处】《电力安全工作规程（配电部分）》

【答案】AC

【答案解析】1.6 本规程适用于国家电网公司系统各单位所管理的运用中的配电线路、设备和用户配电设备及相关场所。变电站、发电厂内的配电设备执行 Q/GDW 1799.1—2013《国家电网公司电力安全工作规程（变电部分）》。配电线路系指 20kV 及以下配电网中的架空线路、电缆线路及其附属设备等。配电设备系指 20kV 及以下配电网中的配电站、开闭所（开关站，以下简称开闭所）、箱式变电站、柱上变压器、柱上开关（包括柱上断路器、柱上负荷开关）、环网单元、电缆分支箱、低压配电箱、电表计量箱、充电桩等。运用中的配电线路和设备，系指全部带有电压、一部分带有电压或一经操作即带有电压的配电线路和设备。

19.

【题目出处】《电力安全工作规程（配电部分）》

【答案】BCD

【答案解析】1.6 本规程适用于国家电网公司系统各单位所管理的运用中的配电线路、设备和用户配电设备及相关场所。变电站、发电厂内的配电设备执行 Q/GDW 1799.1—2013《国家电网公司电力安全工作规程（变电部分）》。配电线路系指 20kV 及以下配电网中的架空线路、电缆线路及其附属设备等。配电设备系指 20kV 及以下配电网中的配电站、开闭所（开关站，以下简称开闭所）、箱式变电站、柱上变压器、柱上开关（包括柱上断路器、柱上负荷开关）、环网单元、电缆分支箱、低压配电箱、电表计量箱、充电桩等。运用中的配电线路和设备，系指全部带有电压、一部分带有电压或一经操作即带有电压的配电线路和设备。

20.

【题目出处】《电力安全工作规程（变电部分）》

【答案】ABC

【答案解析】3.3 运用中的电气设备全部带有电压、一部分带有电压或一经操作即带有电压的电气设备。

21.

【题目出处】《电力安全工作规程（变电部分）》

【答案】ACD

【答案解析】4.2.4 各类作业人员应被告知其作业现场和工作岗位存在的危

险因素、防范措施及事故紧急处理措施。

22.

【题目出处】《电力安全工作规程（变电部分）》

【答案】BCD

【答案解析】4.4.4 参与公司系统所承担电气工作的外单位或外来工作人员应熟悉本规程，经考试合格，并经设备运维管理单位认可，方可参加工作。工作前，设备运维管理单位应告知现场电气设备接线情况、危险点和安全注意事项。

23.

【题目出处】《电力安全工作规程（变电部分）》

【答案】AB

【答案解析】4.5 任何人发现有违反本规程的情况，应立即制止，经纠正后才能恢复作业。各类作业人员有权拒绝违章指挥和强令冒险作业；在发现直接危及人身、电网和设备安全的紧急情况时，有权停止作业或者在采取可能的紧急措施后撤离作业场所，并立即报告。

24.

【题目出处】《电力安全工作规程（变电部分）》

【答案】AB

【答案解析】4.6 在试验和推广新技术、新工艺、新设备、新材料的同时，应制定相应的安全措施，经本单位批准后执行。

25.

【题目出处】《国网安委办关于推进“四个管住”工作的指导意见》

【答案】AB

【答案解析】为贯彻落实公司关于安全生产工作部署，牢固树立“四个最”意识，坚持“三杜绝、三防范”安全目标，全力推进“四个管住”（管住计划、管住队伍、管住人员、管住现场）落地、落实，特制订本指导意见。

26.

【题目出处】《国网安委办关于推进“四个管住”工作的指导意见》

【答案】ABC

【答案解析】“四个管住”就是紧紧围绕这四个要素，综合运用管理和技术手段，在关键环节协同发力、严格管控，切实规范施工作业组织管理，实现作业风险全过程可控、能控、在控。

27.

【题目出处】《国网安委办关于推进“四个管住”工作的指导意见》

【答案】ABC

【答案解析】合理制定风险控制措施，实现风险的超前预防和事故防范关口前移，为“管住队伍、管住人员、管住现场”提供管理和资源的源头保障。

28.

【题目出处】《国网安委办关于推进“四个管住”工作的指导意见》

【答案】AB

【答案解析】管住队伍就是充分运用法治化和市场化手段，通过建立公平、公正、公开的安全准入和退出机制，对施工队伍实行作业全过程安全资信评价，全面实施“负面清单”“黑名单”管控，对安全记录不良的队伍采取停工、停标等处理措施，把真正懂管理、有技术、有能力的队伍留在作业现场，为“管住现场”提供基础保障。

29.

【题目出处】《国网安委办关于推进“四个管住”工作的指导意见》

【答案】ABC

【答案解析】管住队伍就是充分运用法治化和市场化手段，通过建立公平、公正、公开的安全准入和退出机制，对施工队伍实行作业全过程安全资信评价，全面实施“负面清单”“黑名单”管控，对安全记录不良的队伍采取停工、停标等处理措施，把真正懂管理、有技术、有能力的队伍留在作业现场，为“管住现场”提供基础保障。

30.

【题目出处】《国网安委办关于推进“四个管住”工作的指导意见》

【答案】ABCD

【答案解析】管住人员就是通过建立完善的人员安全准入、评价、奖惩、退出等制度规范体系，对各类作业人员实施严格的安全准入考试、违章记分管控和安全激励约束，强化全方位、全过程的监督管理。

31.

【题目出处】《国网安委办关于推进“四个管住”工作的指导意见》

【答案】AB

【答案解析】管住现场就是在管住计划、管住人员、管住队伍的基础上，通过发挥专业保证和监督体系协同管控作用，强化作业现场技术管控，提升标准化、机械化作业能力。

32.

【题目出处】《国网安委办关于推进“四个管住”工作的指导意见》

【答案】AB

【答案解析】依托安全生产风险管控平台和各级安全管控中心，应用数字化智能管控手段，强化对作业现场的全过程、全覆盖监督管控，确保管控措施有效落实。

33.

【题目出处】《国网安委办关于推进“四个管住”工作的指导意见》

【答案】BD

【答案解析】健全作业风险分级管控机制，发挥专业管控作用，持续强化作业组织管理，严审作业方案可行性，规范开展风险分析辨识、评估定级，分级制定管控措施，明确到岗到位人员。

34.

【题目出处】《国网安委办关于推进“四个管住”工作的指导意见》

【答案】ABCD

【答案解析】规范开展作业计划和风险公示告知，实现作业风险的全面公示、全员告知和全程监督，确保每名作业人员掌握工作内容、责任分工、风险因素和管控措施。

35.

【题目出处】《国网安委办关于推进“四个管住”工作的指导意见》

【答案】ABD

【答案解析】依托安全生产风险管控平台，建立健全作业队伍安全资信数据库，在进场前对外部施工队伍实施安全资信审核、准入、报备管理，对外包队伍开展常态化考察，把好队伍安全准入关。

36.

【题目出处】《国网安委办关于推进“四个管住”工作的指导意见》

【答案】ABC

【答案解析】依托安全生产风险管控平台等信息系统，动态建立作业人员名册，全面实行实名制管理。在进场作业前，对所有作业人员严格实施安全准入考试、资格能力审查，坚决防止安全意识不强、安全记录不良、能力不足的人员进入施工现场，严防作业人员盲目作业。

37.

【题目出处】《国网安委办关于推进“四个管住”工作的指导意见》

【答案】ABC

【答案解析】分层分级、分专业、分岗位实施安全技能等级认证，狠抓“三种人”等关键人员能力素质提升。

38.

【题目出处】《国网安委办关于推进“四个管住”工作的指导意见》

【答案】ABCD

【答案解析】制作事故警示和标准化作业示范视频片，应用在线培训、现场培训和体验式培训等手段，强化进场作业人员规程规范、施工技术、施工机具和安全工器具使用、事故应急处置培训，切实增强安全作业能力。

39.

【题目出处】《国网安委办关于推进“四个管住”工作的指导意见》

【答案】ABC

【答案解析】人员违章记分，实施全员安全资信记录和人员安全“负面清单”管控，将安全记录与员工绩效考核、外包人员安全资信评价挂钩，对作业水平低、反复违章、安全素质能力严重不足的作业人员，及时清理出场。

40.

【题目出处】《国网安委办关于推进“四个管住”工作的指导意见》

【答案】ABC

【答案解析】充分运用“四不两直”“远程+现场”等督查方式，强化现场安全督查，严肃查纠、曝光、考核各类违章行为。

（三）判断题（共40道）

1.

【题目出处】《数字化安全管控工作评价方案（试行）》

【答案】错误

【答案解析】作业状态准确率指标的统计方式为自动统计。

2.

【题目出处】《数字化安全管控工作评价方案（试行）》

【答案】正确

【答案解析】队伍准入情况核查指标的统计方式为人工抽查。

3.

【题目出处】《数字化安全管控工作评价方案（试行）》

【答案】正确

【答案解析】队伍准入情况核查指标的评价目标为评价作业计划关联队伍是否准入。

4.

【题目出处】《数字化安全管控工作评价方案（试行）》

【答案】错误

【答案解析】纳入负面清单的外包单位指标的评价方式为每周通报，不考核。

5.

【题目出处】《数字化安全管控工作评价方案（试行）》

【答案】正确

【答案解析】作业状态准确率指标的评价目标为每评价作业计划是否正常执行并及时上传工作进展状态。

6.

【题目出处】《数字化安全管控工作评价方案（试行）》

【答案】正确

【答案解析】作业状态准确率指标的评价方式为统计各单位作业计划状态情况。

7.

【题目出处】《数字化安全管控工作评价方案（试行）》

【答案】正确

【答案解析】外包单位违章数量排名指标的评价目标为每周通报各单位违章数量排名第一的外包单位名称。

8.

【题目出处】《数字化安全管控工作评价方案（试行）》

【答案】正确

【答案解析】外包单位违章数量排名指标的评价方式为每月通报，不考核。

9.

【题目出处】《国网安监部关于印发《现场安全督查工作手册》的通知》（安监二〔2021〕8号）

【答案】正确

【答案解析】查现场作业人员（含主业、省管产业、分包人员、厂家配合人员）是否经准入合格：检查人员安全教育培训、考试台账，体检报告，交底记录等。

10.

【题目出处】《国网安委办关于推进“四个管住”工作的指导意见》

【答案】正确

【答案解析】管住现场是核心，现场是队伍、人员、物资等生产要素和计划、组织、实施等管理行为动态交汇的场所，也是作业风险管控的落脚点。管住现场就是在管住计划、管住人员、管住队伍的基础上，通过发挥专业保证和监督体系协同管控作用，强化作业现场技术管控，提升标准化、机械化作业能力；依托安全生产风险管控平台和各级安全管控中心，应用数字化智能管控手段，强化对作业现场的全过程、全覆盖监督管控，确保管控措施有效落实。

11.

【题目出处】《国网安委办关于推进“四个管住”工作的指导意见》

【答案】正确

【答案解析】现场督查：健全上级对下级检查、同级安全监督体系对安全保证体系督促的工作机制，发挥安全保证体系和安全监督体系共同作用，充分运用“四不两直”“远程+现场”等督查方式，强化现场安全督查，严肃查纠、曝光、考核各类违章行为。

12.

【题目出处】《电力安全工作规程（变电部分）》

【答案】错误

【答案解析】3.4 事故紧急抢修工作指电气设备发生故障被迫紧急停止运行，需短时间内恢复的抢修和排除故障的工作。

13.

【题目出处】《电力安全工作规程（变电部分）》

【答案】错误

【答案解析】4.4.3 新参加电气工作的人员、实习人员和临时参加劳动的人员（管理人员、非全日制用工等），应经过安全知识教育后，方可到现场参加指定的工作，并且不得单独工作。

14.

【题目出处】《电力安全工作规程（配电部分）》

【答案】正确

【答案解析】1.2 任何人发现有违反本规程的情况，应立即制止，经纠正后方可恢复作业。作业人员有权拒绝违章指挥和强令冒险作业；在发现直接危及人身、电网和设备安全的紧急情况时，有权停止作业或者在采取可能的紧急措施后撤离作业场所，并立即报告。

15.

【题目出处】《电力安全工作规程（配电部分）》

【答案】错误

【答案解析】1.3 在试验和推广新技术、新工艺、新设备、新材料的同时，应制定相应的安全措施，经本单位批准后执行。

16.

【题目出处】《电力安全工作规程（配电部分）》

【答案】错误

【答案解析】1.4 电气设备分为高压和低压两种：高压电气设备：电压等级在 1000V 以上者；低压电气设备：电压等级在 1000V 及以下者。

17.

【题目出处】《电力安全工作规程（配电部分）》

【答案】正确

【答案解析】1.4 电气设备分为高压和低压两种：高压电气设备：电压等级在 1000V 以上者；低压电气设备：电压等级在 1000V 及以下者。

18.

【题目出处】《国网安委办关于推进“四个管住”工作的指导意见》

【答案】正确

【答案解析】习近平总书记多次强调，要树牢安全发展理念，坚持发展绝不能以牺牲人的生命为代价，要始终将安全生产放在首要位置，切实维护人民群众生命财产安全。

19.

【题目出处】《国网安委办关于推进“四个管住”工作的指导意见》

【答案】错误

【答案解析】分析近十年以来公司发生的较大人身事故，90%发生在外包集中的施工领域，暴露出作业计划、队伍人员和现场失控等一系列问题。

20.

【题目出处】《国网安委办关于推进“四个管住”工作的指导意见》

【答案】正确

【答案解析】“四个管住”即“管住计划、管住队伍、管住人员、管住现场”，其四个要素（计划、队伍、人员、现场）彼此联系、相互融合。

21.

【题目出处】《国网安委办关于推进“四个管住”工作的指导意见》

【答案】错误

【答案解析】计划是作业风险管控的源头，队伍是保障现场作业安全的基础。

22.

【题目出处】《国网安委办关于推进“四个管住”工作的指导意见》

【答案】错误

【答案解析】人员是作业风险管控措施落实的关键，现场是风险管控和安全措施聚焦的核心。

23.

【题目出处】《国网安委办关于推进“四个管住”工作的指导意见》

【答案】错误

【答案解析】管住计划是源头，计划管理是建立和维持良好生产作业秩序的前提

24.

【题目出处】《国网安委办关于推进“四个管住”工作的指导意见》

【答案】 正确

【答案解析】 计划管理是建立和维持良好生产作业秩序的前提，各级管理者根据任务进展、作业风险情况，科学组织施工、管理等资源力量投入，针对性部署安全防范措施，实现对作业风险的有效防控。

25.

【题目出处】《国网安委办关于推进“四个管住”工作的指导意见》

【答案】 正确

【答案解析】 管住计划就是要求各级管理人员抓牢作业计划这一龙头，通过严格的计划管控，做到对作业组织管理的超前谋划、超前准备。

26.

【题目出处】《国网安委办关于推进“四个管住”工作的指导意见》

【答案】 错误

【答案解析】 人是现场作业和管控措施执行的主体，也是作业风险管控最关键因素。

27.

【题目出处】《国网安委办关于推进“四个管住”工作的指导意见》

【答案】 正确

【答案解析】 现场是队伍、人员、物资等生产要素和计划、组织、实施等管理行为动态交汇的场所，也是作业风险管控的落脚点。

28.

【题目出处】《国网安委办关于推进“四个管住”工作的指导意见》

【答案】 错误

【答案解析】 管住现场就是在管住计划、管住人员、管住队伍的基础上，通过发挥专业保证和监督体系协同管控作用，强化作业现场技术管控，提升标准化、机械化作业能力。

29.

【题目出处】《国网安委办关于推进“四个管住”工作的指导意见》

【答案】 正确

【答案解析】 按照作业计划全覆盖的原则，将各类作业计划纳入管控范围，应用移动作业手段精准安排作业任务，坚决杜绝无计划作业。

30.

【题目出处】《国网安委办关于推进“四个管住”工作的指导意见》

【答案】错误

【答案解析】作业单位以作业计划为依据，按照现场勘察实际，开展管理和作业人员承载力分析，统筹平衡人力、物力等基础资源。

31.

【题目出处】《国网安委办关于推进“四个管住”工作的指导意见》

【答案】正确

【答案解析】总部、省（市）公司级单位以周安全风险管控督查工作机制为抓手，规范组织督查例会，严抓作业风险管控的组织管理。

32.

【题目出处】《国网安委办关于推进“四个管住”工作的指导意见》

【答案】正确

【答案解析】严防资质挂靠，严禁资质不全、资信不良队伍入网作业，严禁超承载力承接工程。

33.

【题目出处】《国网安委办关于推进“四个管住”工作的指导意见》

【答案】正确

【答案解析】严格落实工程建管单位、项目管理单位责任，强化安全监督检查，及时曝光处置作业队伍的不安全行为。

34.

【题目出处】《国网安委办关于推进“四个管住”工作的指导意见》

【答案】正确

【答案解析】建立健全“约谈”“说清楚”等过程管控制度，依据违章记分、安全记录等评价结果，对作业队伍安全管控情况进行动态纠偏。

35.

【题目出处】《国网安委办关于推进“四个管住”工作的指导意见》

【答案】正确

【答案解析】坚决剔除安全管理不合格、不满足要求的施工单位，倒逼施工作业单位从源头侧强化安全管理。

36.

【题目出处】《国网安委办关于推进“四个管住”工作的指导意见》

【答案】正确

【答案解析】依托安全生产风险管控平台等信息系统，动态建立作业人员名册，全面实行实名制管理。

37.

【题目出处】《国网安委办关于推进“四个管住”工作的指导意见》

【答案】正确

【答案解析】在进场作业前，对所有作业人员严格实施安全准入考试、资格能力审查，坚决防止安全意识不强、安全记录不良、能力不足的人员进入施工现场，严防作业人员盲目作业。

38.

【题目出处】《国网安委办关于推进“四个管住”工作的指导意见》

【答案】正确

【答案解析】制作事故警示和标准化作业示范视频片，应用在线培训、现场培训和体验式培训等手段，强化进场作业人员规程规范、施工技术、施工机具和安全工器具使用、事故应急处置培训，切实增强安全作业能力。

39.

【题目出处】《国网安委办关于推进“四个管住”工作的指导意见》

【答案】错误

【答案解析】对作业水平低、反复违章、安全素质能力严重不足的作业人员，及时清理出场。

40.

【题目出处】《国网安委办关于推进“四个管住”工作的指导意见》

【答案】错误

【答案解析】合理设置安全专项奖励，重点向基层一线人员、向承担高风险作业人员倾斜。

（四）填空题（共20道）

1.

【题目出处】《数字化安全管控工作评价方案（试行）》

【答案】外包队伍是否准入

【答案解析】队伍准入情况核查指标的评价方式为每周抽查各单位外包队伍是否准入和队伍负面清单执行情况。

2.

【题目出处】《数字化安全管控工作评价方案（试行）》

【答案】自动统计

【答案解析】外包单位违章数量排名指标的统计方式为自动统计。

3.

【题目出处】《数字化安全管控工作评价方案（试行）》

【答案】人工抽查

【答案解析】工作票准确性指标的统计方式为人工抽查。

4.

【题目出处】《数字化安全管控工作评价方案（试行）》

【答案】评价准入队伍关键信息是否齐全

【答案解析】准入队伍规范率指标的评价目标为评价准入队伍关键信息是否齐全。

5.

【题目出处】《数字化安全管控工作评价方案（试行）》

【答案】未发现问题

【答案解析】队伍准入情况核查指标的评定标准：B 档为未发现问题。

6.

【题目出处】《国网安委办关于推进“四个管住”工作的指导意见》

【答案】安全发展

【答案解析】公司作为关系国民经济命脉和国家能源安全的中央企业，践行安全发展理念更是责无旁贷。

7.

【题目出处】《国网安委办关于推进“四个管住”工作的指导意见》

【答案】现场失控

【答案解析】分析近十年以来公司发生的较大人身事故，90%发生在外包集中的施工领域，暴露出作业计划、队伍人员和现场失控等一系列问题。

8.

【题目出处】《国网安委办关于推进“四个管住”工作的指导意见》

【答案】风险管控

【答案解析】计划是作业风险管控的源头。

9.

【题目出处】《国网安委办关于推进“四个管住”工作的指导意见》

【答案】作业安全

【答案解析】队伍是保障现场作业安全的基础。

10.

【题目出处】《国网安委办关于推进“四个管住”工作的指导意见》

【答案】落实

【答案解析】人员是作业风险管控措施落实的关键。

11.

【题目出处】《国网安委办关于推进“四个管住”工作的指导意见》

【答案】核心

【答案解析】现场是风险管控和安全措施聚焦的核心。

12.

【题目出处】《国网安委办关于推进“四个管住”工作的指导意见》

【答案】管理和技术手段

【答案解析】“四个管住”就是紧紧围绕这四个要素，综合运用管理和技术手段，在关键环节协同发力、严格管控，切实规范施工作业组织管理。

13.

【题目出处】《国网安委办关于推进“四个管住”工作的指导意见》

【答案】前提

【答案解析】管住计划是源头，计划管理是建立和维持良好生产作业秩序的前提。

14.

【题目出处】《国网安委办关于推进“四个管住”工作的指导意见》

【答案】有效防控

【答案解析】各级管理者根据任务进展、作业风险情况，科学组织施工、管理等资源力量投入，针对性部署安全防范措施，实现对作业风险的有效防控。

15.

【题目出处】《国网安委办关于推进“四个管住”工作的指导意见》

【答案】超前预防

【答案解析】合理制定风险控制措施，实现风险的超前预防和事故防范关口前移，为“管住队伍、管住人员、管住现场”提供管理和资源的源头保障。

16.

【题目出处】《国网安委办关于推进“四个管住”工作的指导意见》

【答案】载体

【答案解析】队伍是作业组织实施的载体，技术技能水平高、安全履责能力强的队伍是保障现场作业安全有序组织实施的基础。

17.

【题目出处】《国网安委办关于推进“四个管住”工作的指导意见》

【答案】基础保障

【答案解析】把真正懂管理、有技术、有能力的队伍留在作业现场，为“管住现场”提供基础保障。

18.

【题目出处】《国网安委办关于推进“四个管住”工作的指导意见》

【答案】知信行

【答案解析】以安全制度规范人、用监督管控约束人、拿安全绩效引导人，做到“知信行”合一，切实增强作业人员主动安全意识和能力，为“管住现场”提供关键保障。

19.

【题目出处】《国网安委办关于推进“四个管住”工作的指导意见》

【答案】无计划作业

【答案解析】按照作业计划全覆盖的原则，将各类作业计划纳入管控范围，应用移动作业手段精准安排作业任务，坚决杜绝无计划作业。

20.

【题目出处】《国网安委办关于推进“四个管住”工作的指导意见》

【答案】安全监督检查

【答案解析】严格落实工程建管单位、项目管理单位责任，强化安全监督检查，及时曝光处置作业队伍的不安全行为。

二、“四个管住”中阶题库答案

（一）单选题（共120道）

1.

【题目出处】《国家电网有限公司作业安全风险管控工作规定（草案）》

【答案】D

【答案解析】公司总部的安监部负责建立健全作业风险管控工作监督机制，组织作业风险管控工作监督、检查、评价、考核，牵头组织总部风险管控工作督查会议。

2.

【题目出处】《国家电网有限公司作业安全风险管控工作规定（草案）》

【答案】A

【答案解析】项目部负责组织实施作业风险管控工作，编制并上报作业计划，按照批复的作业计划，组织落实风险预控、作业准备、作业实施、到岗到位等各环节安全管控措施和要求。

3.

【题目出处】《国家电网有限公司作业安全风险管控工作规定（草案）》

【答案】B

【答案解析】各单位的作业任务应统筹考虑月度停电计划、管理和作业承载能力等情况，按“周”进行平衡安排，细化分解到“日”，形成作业计划。

4.

【题目出处】《国家电网有限公司作业安全风险管控工作规定（草案）》

【答案】C

【答案解析】作业风险根据不同类型工作可预见安全风险的可能性、后果严重程度，从高到低分为一到五级。

5.

【题目出处】《国家电网有限公司作业安全风险管控工作规定（草案）》

【答案】A

【答案解析】一级风险作业不得直接实施，必须通过组织、技术措施降为二级及以下风险后方可实施。

6.

【题目出处】《国家电网有限公司作业安全风险管控工作规定（草案）》

【答案】A

【答案解析】四、五级风险作业，风险管控措施应由二级机构组织审核；工程施工作业由施工项目部审核。

7.

【题目出处】《国家电网有限公司作业安全风险管控工作规定（草案）》

【答案】A

【答案解析】省公司级单位专业管理部门对本专业二级风险作业进行备案和审查。

8.

【题目出处】《国家电网有限公司作业安全风险管控工作规定（草案）》

【答案】D

【答案解析】地市（县）公司级单位作业风险内容由安监部门汇总后在本单位网页公告栏内进行公示。

9.

【题目出处】《国家电网有限公司作业安全风险管控工作规定（草案）》

【答案】C

【答案解析】工作票（作业票）签发人或工作负责人对有触电危险、施工复杂容易发生事故的作业，应增设专责监护人，确定被监护的人员和监护范围，专责监护人不得兼做其他工作。

10.

【题目出处】《国家电网有限公司作业安全风险管控工作规定（草案）》

【答案】A

【答案解析】各级单位应建立健全生产作业到岗到位管理制度，明确到岗到位标准和工作内容，实行分层分级管理。

11.

【题目出处】《国家电网有限公司作业安全风险管控工作规定（草案）》

【答案】C

【答案解析】三级风险作业，相关地市级单位或建设管理单位专业管理部门、县公司级单位负责人或管理人员应到岗到位。

12.

【题目出处】《国家电网有限公司作业安全风险管控工作规定（草案）》

【答案】B

【答案解析】二级风险作业，相关地市级单位或建设管理单位分管领导或专业管理部门负责人应到岗到位；省公司级单位专业管理部门应按有关规定到岗到位。

13.

【题目出处】《国家电网有限公司作业安全风险管控工作规定（草案）》

【答案】A

【答案解析】县公司级单位对所辖范围内的作业现场开展全覆盖督查。

14.

【题目出处】《关于调整公司生产作业风险分级标准及管控要求的通知》

【答案】A

【答案解析】配网工程施工、信息、通信和营销作业等仍按照公司《作业安全风险管控工作规定》内典型生产作业风险规定级库标准进行风险定级。

15.

【题目出处】《关于调整公司生产作业风险分级标准及管控要求的通知》

【答案】A

【答案解析】自2022年2月21日起，各单位设备专业生产作业（不含配网工程）风险评估定级工作，统一执行设备部《通知》相关专业作业风险分级标准。

16.

【题目出处】《国家电网有限公司关于进一步加强生产现场作业风险管控工作的通知》（国家电网设备〔2022〕89号）

【答案】D

【答案解析】各单位可根据作业区域、作业内容、气候条件、工机具使用等实际情况，对可能造成人身、电网、设备事故的现场作业风险等级进行提级调整，提高风险管控的针对性和有效性。同类作业对应的故障抢修，其风险等级提级。

17.

【题目出处】《国家电网有限公司关于进一步加强生产现场作业风险管控工作的通知》（国家电网设备〔2022〕89号）

【答案】D

【答案解析】按照设备检修流程提炼关键工序，综合考虑人身风险、工艺技术难度，确定每个关键工序的高、中、低风险分级，并针对性制定管控措施，形成检修工序风险库。用于指导检修方案的编制和检修作业过程中关键环节的安全、质量管控，便于按日统计作业风险和动态调整管控措施。

18.

【题目出处】《国家电网有限公司关于进一步加强生产现场作业风险管控工作的通知》（国家电网设备〔2022〕89号）

【答案】A

【答案解析】深化数字化应用，加快检修先进技术手段在检修作业中应用，合理配置人力和装备资源，推动“人工为主”向“人少作业”转变，实现作业风险降级，切实提高现场检修作业的安全和质效。

19.

【题目出处】《国家电网有限公司关于进一步加强生产现场作业风险管控工作的通知》（国家电网设备〔2022〕89号）

【答案】C

【答案解析】换流站的检修计划由超高压公司设备管理部门组织编制，报送省公司设备部完成检修计划的审核、批准，并将Ⅰ、Ⅱ级检修计划报送国网设备部。

20.

【题目出处】《国家电网有限公司关于进一步加强生产现场作业风险管控工作的通知》（国家电网设备〔2022〕89号）

【答案】B

【答案解析】各单位应在检修计划编制的同时，同步开展相关配套技改大修项目的立项申报，明确项目实施管理方式，落实项目外包和自主实施相关要求。

21.

【题目出处】《国家电网有限公司关于进一步加强生产现场作业风险管控工作

的通知》（国家电网设备〔2022〕89 号）

【答案】D

【答案解析】停电计划发布后，省公司设备部在 12 月底前将下年度Ⅰ、Ⅱ级检修计划统计表报送国网设备部备案，超高压公司设备管理部门将Ⅲ级检修计划统计表报送省公司设备部备案。

22.

【题目出处】《国家电网有限公司关于进一步加强生产现场作业风险管控工作的通知》（国家电网设备〔2022〕89 号）

【答案】D

【答案解析】换流站内各类停电及不停电作业工作均应纳入检修计划进行管控，严禁无计划作业。

23.

【题目出处】《国家电网有限公司关于进一步加强生产现场作业风险管控工作的通知》（国家电网设备〔2022〕89 号）

【答案】A

【答案解析】检修计划下达后，要切实刚性执行，原则上不得进行调整。若确因气象、水文、地质、疫情等特殊原因导致检修计划出现变更时，应逐层逐级汇报，并办理变更手续。

24.

【题目出处】《国家电网有限公司关于进一步加强生产现场作业风险管控工作的通知》（国家电网设备〔2022〕89 号）

【答案】C

【答案解析】Ⅰ、Ⅱ级检修方案由省公司设备部组织编制，检修项目实施前 20 日完成。省公司分管领导组织审查，国网设备部、国网直流中心参与审核把关，省公司调控中心应参与涉及交、直流保护检修方案的审核，省公司批准。

25.

【题目出处】《国家电网有限公司关于进一步加强生产现场作业风险管控工作的通知》（国家电网设备〔2022〕89 号）

【答案】A

【答案解析】Ⅲ级检修方案由超高压公司（直流公司）设备管理部门组织

编制，检修项目实施前 7 日完成。省公司设备部负责人组织审查，国网直流中心、省公司设备部、省电科院参与审核把关，省公司批准。

26.

【题目出处】《国家电网有限公司关于进一步加强生产现场作业风险管控工作的通知》（国家电网设备〔2022〕89 号）

【答案】A

【答案解析】Ⅴ级检修方案由班组组织编制，检修项目实施前 3 日完成，换流站审查批准。

27.

【题目出处】《国家电网有限公司关于进一步加强生产现场作业风险管控工作的通知》（国家电网设备〔2022〕89 号）

【答案】D

【答案解析】Ⅰ～Ⅲ级检修应包括编制依据、工作内容、组织措施、安全措施、技术措施、物资采购保障措施、进度控制保障措施、检修验收要求等内容。对于多作业面同时开展或涉及重大项目的检修，必要时按作业面或重大项目分别编制专项方案，作为附件与检修方案一起审批。

28.

【题目出处】《国家电网有限公司关于进一步加强生产现场作业风险管控工作的通知》（国家电网设备〔2022〕89 号）

【答案】D

【答案解析】Ⅰ、Ⅱ级检修：省公司分管领导或设备部负责人，超高压公司（直流公司）分管领导、设备管理部门负责人应到岗到位。

29.

【题目出处】《国家电网有限公司关于进一步加强生产现场作业风险管控工作的通知》（国家电网设备〔2022〕89 号）

【答案】D

【答案解析】Ⅰ、Ⅱ级检修总结报告由省公司设备部组织超高压公司（直流公司）编制，检修项目竣工后 15 日内完成，30 日内报送国网设备部备案。

30.

【题目出处】《国家电网有限公司关于进一步加强生产现场作业风险管控工作的通知》（国家电网设备〔2022〕89 号）

【答案】A

【答案解析】Ⅲ级检修总结报告由超高压公司（直流公司）设备管理部门组织换流站编制，检修项目竣工后 7 日内完成，15 日内报送省公司设备部备案。

31.

【题目出处】《国家电网有限公司关于进一步加强生产现场作业风险管控工作的通知》（国家电网设备〔2022〕89 号）

【答案】C

【答案解析】国网设备部每年对Ⅰ、Ⅱ级检修管理要求的落实情况进行检查考核，省公司设备部每年对所辖范围内Ⅰ～Ⅲ级检修的管理要求落实情况进行检查考核，超高压公司（直流公司）设备管理部门每年对本单位各级检修的管理要求落实情况进行检查考核。

32.

【题目出处】《国家电网有限公司关于进一步加强生产现场作业风险管控工作的通知》（国家电网设备〔2022〕89 号）

【答案】A

【答案解析】检查考核采用资料评审与现场检查相结合的方式开展。检查考核内容包括检修质量、检修计划和方案、标准化作业等，重点关注作业风险分级是否准确、安全管控措施是否有效、到岗到位要求是否落实。

33.

【题目出处】《国家电网有限公司关于进一步加强生产现场作业风险管控工作的通知》（国家电网设备〔2022〕89 号）

【答案】C

【答案解析】通过检查考核，督促各单位严格落实检修管理要求，结合实际执行情况对“五级五控”风险管控体系进行完善，推动现场作业风险管控水平不断提升。

34.

【题目出处】《国家电网有限公司关于进一步加强生产现场作业风险管控工作的通知》（国家电网设备〔2022〕89 号）

【答案】D

【答案解析】220kV 及以上的检修（抢修）计划由超高压公司、地市公司

（简称“地市级单位”）设备管理部门组织编制，省公司设备部审核、批准；110千伏及以下的检修（抢修）计划由检修工区、县公司（简称“县公司级单位”）组织编制，地市级单位设备管理部门审核、批准。

35.

【题目出处】《国家电网有限公司关于进一步加强生产现场作业风险管控工作的通知》（国家电网设备〔2022〕89号）

【答案】A

【答案解析】事故应急处理期间的倒闸操作作业，其风险等级、到岗到位、远程督查等均应提一级管控。

36.

【题目出处】《国家电网有限公司关于进一步加强生产现场作业风险管控工作的通知》（国家电网设备〔2022〕89号）

【答案】D

【答案解析】在倒闸操作中聚焦各类运行方式转换的特点，综合其操作的技术难度，将复杂程度从高至低依次分为Ⅰ～Ⅴ级。

37.

【题目出处】《国家电网有限公司关于进一步加强生产现场作业风险管控工作的通知》（国家电网设备〔2022〕89号）

【答案】A

【答案解析】Ⅰ级、Ⅱ级倒闸操作作业风险全过程管控，由超高压（直流）公司运检部负责组织实施。

38.

【题目出处】《国家电网有限公司关于进一步加强生产现场作业风险管控工作的通知》（国家电网设备〔2022〕89号）

【答案】B

【答案解析】班组应根据分级表及提级管控原则，对倒闸操作任务进行初步定级，并报送换流站负责人或管理人员。

39.

【题目出处】《国家电网有限公司作业安全风险管控工作规定（草案）》

【答案】D

【答案解析】电缆直埋敷设作业的危险等级为五级。

40.

【题目出处】《国家电网有限公司作业安全风险管控工作规定（草案）》

【答案】A

【答案解析】35kV 及以上一次设备耐压试验的风险因素为触电。

41.

【题目出处】《国家电网有限公司作业安全风险管控工作规定（草案）》

【答案】B

【答案解析】设备检修时，工作人员与带电部位的安全距离小于规定值，造成人员触电。

42.

【题目出处】《国家电网有限公司作业安全风险管控工作规定（草案）》

【答案】D

【答案解析】各级安监部门应将作业风险管控工作纳入日常督查工作内容，将无计划作业、随意变更作业计划、风险评估定级不严格、管控措施不落实等情形纳入违章行为进行严肃通报处罚。

43.

【题目出处】《国家电网有限公司作业安全风险管控工作规定（草案）》

【答案】C

【答案解析】地市级单位每周由副总师及以上负责同志主持、安监部门牵头召开督查会议，对本单位作业风险管控情况，各专业三级及以上作业风险评估定级、管控措施制定等进行督查。

44.

【题目出处】《国家电网有限公司作业安全风险管控工作规定（草案）》

【答案】B

【答案解析】总部每周应由安全总监主持、安监部门牵头召开督查会议，抽查各省公司级单位风险管控工作开展情况，对国调中心管辖范围内的主网停电计划、重点工程涉及的二级作业风险管控情况进行督查。

45.

【题目出处】《国家电网有限公司作业安全风险管控工作规定（草案）》

【答案】A

【答案解析】公司总（分）部职责：各分部协同做好管辖区域内作业风险

管控督导检查工作。

46.

【题目出处】《国家电网有限公司作业安全风险管控工作规定（草案）》

【答案】C

【答案解析】地市（县）公司级单位职责：安监部门负责建立健全本单位作业风险评估、管控及督查工作机制。

47.

【题目出处】《国家电网有限公司作业安全风险管控工作规定（草案）》

【答案】B

【答案解析】作业计划按照“谁管理、谁负责”的原则实行分层分级管理。

48.

【题目出处】《国家电网有限公司作业安全风险管控工作规定（草案）》

【答案】A

【答案解析】变电检修作业：110kV 及以上变电站全站集中检修、220kV 及以上母线检修的风险等级为二级。

49.

【题目出处】《国家电网有限公司作业安全风险管控工作规定（草案）》

【答案】C

【答案解析】变电检修作业：220kV 以下电网“新技术、新工艺、新设备、新材料”应用的首次作业的风险等级为三级。

50.

【题目出处】《国家电网有限公司作业安全风险管控工作规定（草案）》

【答案】C

【答案解析】

（1）输电带电作业：35kV 及以上不涉及交叉跨越带电线路的带电作业（除地电位作业项目外）风险等级为三级。

（2）配电（低压）施工作业：配电电缆沟、井及配电柜、屏基础施工及起重作业风险等级为四级。

（3）配电检修作业：接户、进户计量装置上的不停电作业风险等级为五级。

（4）配电（低压）施工作业：开闭所、配电室、环网柜等配电设备机构检修、更换工作风险等级为四级。

51.

【题目出处】《国家电网有限公司作业安全风险管控工作规定（草案）》

【答案】B

【答案解析】配电检修作业：配电二次设备传动、试验及保护定值整定、检查的风险因素是触电。

52.

【题目出处】《国家电网有限公司作业安全风险管控工作规定（草案）》

【答案】C

【答案解析】配电检修作业：在调度室、通信机房等二级动火区域开展动火作业的风险因素是火灾、爆炸、中毒、窒息。

53.

【题目出处】《国家电网有限公司作业安全风险管控工作规定（草案）》

【答案】B

【答案解析】挖掘电缆沟：安全措施不当，导致伤人。

54.

【题目出处】《国家电网有限公司作业安全风险管控工作规定（草案）》

【答案】C

【答案解析】

（1）高空坠落：焊、割工作中防护措施不当，造成人员高处坠落。

（2）误操作：无操作票或操作票错误，造成误操作。

（3）特殊环境作业：夜晚高处作业，工作场所照明不足，导致事故。

（4）机械伤害：吊车起重作业措施不当失控伤人，造成人员伤害。

55.

【题目出处】《国家电网有限公司关于进一步加强生产现场作业风险管控工作的通知》（国家电网设备〔2022〕89 号）

【答案】D

【答案解析】变电现场到岗到位分级表，Ⅳ级检修：县公司级单位负责人、管理人员必要时到岗到位。

56.

【题目出处】《国家电网公司业务外包安全监督管理办法》

【答案】A

【答案解析】国网安质部：负责制定公司业务外包安全监督管理办法；组织开展业务外包安全监督检查；指导各省级单位开展业务外包安全监督管理工作。

57.

【题目出处】《国家电网公司业务外包安全监督管理办法》

【答案】B

【答案解析】国网物资部：负责将承包单位安全资信报备纳入公司采购工作统筹管理，负责组织落实“黑名单”管理相关要求。

58.

【题目出处】《国家电网公司业务外包安全监督管理办法》

【答案】C

【答案解析】国网法律部：负责公司业务外包安全监督管理有关规章制度和“黑名单”管理合法合规性审核。

59.

【题目出处】《国家电网公司业务外包安全监督管理办法》

【答案】D

【答案解析】其他专业部门：负责本专业业务外包安全管理；组织开展本专业业务外包安全工作的检查、评价和考核；指导各省级单位开展业务外包安全管理工作。

60.

【题目出处】《国家电网公司业务外包安全监督管理办法》

【答案】D

【答案解析】安质部门：负责组织落实公司业务外包安全监督管理办法；组织开展业务外包安全监督检查；管理本单位范围内承包单位安全资信、“黑名单”和“负面清单”；管理应用公司外包安全资信系统。

61.

【题目出处】《国家电网公司业务外包安全监督管理办法》

【答案】A

【答案解析】承包单位登记信息由发包单位负责核实，统一在公司外包安全资信系统进行发布，在公司系统共享，供各单位查询、统计、开展承包单位安全承载力分析等工作使用。

62.

【题目出处】《国家电网公司业务外包安全监督管理办法》

【答案】A

【答案解析】发包方应将采取劳务外包或劳务分包项目的劳务人员纳入本单位班组进行安全管理，负责对其进行岗位安全操作规程和安全技能培训考试。

63.

【题目出处】《国家电网公司业务外包安全监督管理办法》

【答案】D

【答案解析】承包单位进场施工作业人员应保持稳定，上岗时应佩戴有本人照片、单位、姓名、工种、有效期等信息的“胸卡”。

64.

【题目出处】《国家电网公司业务外包安全监督管理办法》

【答案】A

【答案解析】采取劳务外包或劳务分包的项目，所需施工作业安全方案、工作票或安全施工作业票等必须由发包方负责。

65.

【题目出处】《国家电网公司业务外包安全监督管理办法》

【答案】A

【答案解析】采取劳务外包或劳务分包的项目，所需机具设备、工器具由发包方负责配备，并安排有经验、有资质人员负责操作施工机械、起重设备等关键设备。

66.

【题目出处】《国家电网公司业务外包安全监督管理办法》

【答案】D

【答案解析】在生产运行场所施工作业，应严格执行工作票制度，并实行“双签发”。

67.

【题目出处】《国家电网公司业务外包安全监督管理办法》

【答案】A

【答案解析】对于列入“负面清单”管理后未按要求整改，或屡次发生应列入“负面清单”管理情形的承包单位，发包单位可将其列入“黑名单”管理。

68.

【题目出处】《国家电网公司业务外包安全监督管理办法》

【答案】A

【答案解析】公司各级单位对在业务外包工作中不严格落实《国家电网公司业务外包安全监督管理办法》的发包单位进行考核。

69.

【题目出处】《国家电网公司业务外包安全监督管理办法》

【答案】C

【答案解析】根据国家及公司有关规定，本办法的外包项目有施工总承包、专业承包、专业分包、劳务分包和专业外包、劳务外包六种外包方式。

70.

【题目出处】《国家电网公司业务外包安全监督管理办法》

【答案】A

【答案解析】外包项目发生安全质量事故（件），按照国家有关法律法规和公司事故（件）调查处理有关规定执行。

71.

【题目出处】《国家电网公司业务外包安全监督管理办法》

【答案】A

【答案解析】发包单位应组织开展外包项目安全检查、隐患排查、风险预警管控等工作，督促承包单位履行安全职责、加强安全管理、落实安全措施，确保外包项目实施处于安全可控状态。

72.

【题目出处】《国家电网公司业务外包安全监督管理办法》

【答案】B

【答案解析】承包单位应根据国家有关法律法规、公司有关管理规定以及承包合同及安全协议，认真编制施工作业安全方案，并报监理单位（如有）、发包单位进行审核通过后严格执行。

73.

【题目出处】《国家电网公司业务外包安全监督管理办法》

【答案】A

【答案解析】采取劳务外包或劳务分包的项目，劳务人员个人安全防护用品、用具由发包方提供，承包单位对使用维护负责。

74.

【题目出处】《国家电网公司业务外包安全监督管理办法》

【答案】B

【答案解析】在生产运行场所施工作业，发包单位应事先向承包单位进行专项安全技术交底，组织承包单位制定安全措施；管理人员应与施工人员“同进同出”。

75.

【题目出处】《国家电网公司业务外包安全监督管理办法》

【答案】B

【答案解析】监理单位（如有）应落实安全监理职责，严格审查承包单位编制的施工作业安全方案并监督实施。

76.

【题目出处】《国家电网公司业务外包安全监督管理办法》

【答案】C

【答案解析】列入Ⅱ级“黑名单”的承包单位 3 个月至一年内禁入相应省公司级单位范围内承揽外包项目，其项目负责人在相应省公司级单位范围内三年内不能担任外包项目负责人或安全生产管理人员。

77.

【题目出处】《国家电网公司业务外包安全监督管理办法》

【答案】A

【答案解析】《国家电网公司业务外包安全监督管理办法》由国网安质部负责解释并监督执行。

78.

【题目出处】《国家电网公司业务外包安全监督管理办法》

【答案】D

【答案解析】省公司级单位职责：其他专业部门：负责组织落实本专业业务外包安全管理要求。

79.

【题目出处】《国家电网公司业务外包安全监督管理办法》

【答案】C

【答案解析】发包单位应对外包项目的承包单位明确提出安全资信要求和安全条件，并进行审查。

80.

【题目出处】《国家电网公司业务外包安全监督管理办法》

【答案】D

【答案解析】施工作业队伍超过 30 人的应配有专职安全员。

81.

【题目出处】《国家电网公司业务外包安全监督管理办法》

【答案】A

【答案解析】按照国家有关安全生产费用投入和使用管理规定，外包项目概算应当单独计列安全生产费用，不得在投标中列入竞争性报价。

82.

【题目出处】《国家电网公司业务外包安全监督管理办法》

【答案】C

【答案解析】承包合同及安全协议签订后，发包单位应组织承包单位在公司外包安全资信系统中登记所承包项目及其项目管理人员信息。

83.

【题目出处】《国家电网公司业务外包安全监督管理办法》

【答案】D

【答案解析】承包单位进场管理人员应与承包合同及安全协议上明确的人员一致，如不一致，应书面请示发包单位同意后方可更换。

84.

【题目出处】《国家电网公司业务外包安全监督管理办法》

【答案】B

【答案解析】对需到生产运行场所施工作业的承包单位相关人员，发包单位应对其进行《电力安全工作规程》考试，合格后经设备运维管理单位认可方可进场开展工作。

85.

【题目出处】《国家电网公司业务外包安全监督管理办法》

【答案】D

【答案解析】承包单位的项目负责人、专职安全生产管理人员、特殊工种人员等核心人员变动必须报发包单位批准，并同步更新登记信息。

86.

【题目出处】《国家电网公司业务外包安全监督管理办法》

【答案】A

【答案解析】监理单位（如有）应落实安全监理职责，严格审查承包单位编制的施工作业安全方案并监督实施。

87.

【题目出处】《国家电网公司业务外包安全监督管理办法》

【答案】B

【答案解析】“黑名单”管理是对安全事故（件）负有主要责任的承包单位及其项目负责人在公司一定范围和时段内禁入。

88.

【题目出处】《国家电网公司业务外包安全监督管理办法》

【答案】C

【答案解析】列入Ⅰ级“黑名单”的承包单位3个月至一年禁入国家电网公司系统承揽外包项目（具体禁入时间根据安全事故、事件造成的损失确定，以下同），其项目负责人在国家电网公司系统两年内不得担任外包项目负责人或安全生产管理人员。

89.

【题目出处】《国家电网公司业务外包安全监督管理办法》

【答案】C

【答案解析】承包单位有下列情形之一的，将该承包单位及相应项目负责人纳入Ⅲ级“黑名单”：发生负有主要责任的直接经济损失10万元以上50万元以下火灾事故。

90.

【题目出处】《国家电网公司业务外包安全监督管理办法》

【答案】A

【答案解析】“黑名单”由发包单位安质部门收到（或形成）事故（件）调查报告后三日内，依据报告结论起草“黑名单”。

91.

【题目出处】《国家电网公司业务外包安全监督管理办法》

【答案】C

【答案解析】承包单位可以全部自行施工，也可以依法进行专业分包或劳务分包。

92.

【题目出处】《国家电网公司业务外包安全监督管理办法》

【答案】D

【答案解析】施工总承包是指发包单位（建设单位）将全部工程项目施工发包给具备相应资质的承包单位。

93.

【题目出处】《国家电网公司业务外包安全监督管理办法》

【答案】A

【答案解析】专业分包是指发包单位（施工单位）将其承包工程项目非主体工程施工发包给具备相应资质的承包单位，承包单位自行组织施工，完成非主体工程施工任务。

94.

【题目出处】《国家电网公司业务外包安全监督管理办法》

【答案】D

【答案解析】“黑名单”分Ⅰ、Ⅱ、Ⅲ级，Ⅰ级由公司总部审定发布，Ⅱ级由省公司级单位审定发布，Ⅲ级由地市公司级单位审定发布。

95.

【题目出处】《国家电网有限公司作业安全风险管控工作规定》

【答案】B

【答案解析】核实作业人员是否具备安全准入资格、特种作业人员是否持证上岗、特种设备是否检测合格。

96.

【题目出处】《变电现场作业风险管控实施细则》

【答案】B

【答案解析】220 千伏及以上的检修（抢修）计划由超高压公司、地市公司（简称“地市级单位”）设备管理部门组织编制，省公司设备部审核、批准；

110kV 及以下的检修（抢修）计划由检修工区、县公司（简称“县公司级单位”）组织编制，地市级单位设备管理部门审核、批准。

97.

【题目出处】《国网 89 号文-到岗到位分级表》

【答案】D

【答案解析】四、变电倒闸操作到岗到位分级表

Ⅴ级风险倒闸操作：母线、主变操作，班组管理人员应到岗到位，其他设备操作由班组根据实际情况评估，必要时安排管理人员到岗到位。

98.

【题目出处】《国网 89 号文-到岗到位分级表》

【答案】C

【答案解析】五、直流倒闸操作到岗到位分级表Ⅳ级风险倒闸操作：换流站负责人或管理人员应到岗到位。

99.

【题目出处】《国家电网公司电力安全工器具管理规定》的通知（国家电网企管〔2014〕748 号）

【答案】B

【答案解析】耐酸服是适用于从事接触和配制酸类物质作业人员穿戴的具有防酸性能的工作服。

100.

【题目出处】《国家电网公司电力安全工器具管理规定》的通知（国家电网企管〔2014〕748 号）

【答案】A

【答案解析】防火服是消防员及高温作业人员近火作业时穿着的防护服装，用来对其上下躯干、头部、手部和脚部进行隔热防护。

101.

【题目出处】《国家电网公司电力安全工器具管理规定》的通知（国家电网企管〔2014〕748 号）

【答案】D

【答案解析】绝缘隔板又称绝缘挡板，一般应具有很高的绝缘性能，它可与 35kV 及以下的带电部分直接接触，起临时遮栏作用。

102.

【题目出处】《国家电网公司电力安全工器具管理规定》的通知（国家电网企管〔2014〕748 号）

【答案】A

【答案解析】绝缘服装是由绝缘材料制成，用于防止作业人员带电作业时身体触电的服装。

103.

【题目出处】《国家电网公司电力安全工器具管理规定》的通知（国家电网企管〔2014〕748 号）

【答案】C

【答案解析】带电作业用绝缘手套是由绝缘橡胶或绝缘合成材料制成，在带电作业中用于防止工作人员手部触电的手套。

104.

【题目出处】《国家电网公司电力安全工器具管理规定》的通知（国家电网企管〔2014〕748 号）

【答案】C

【答案解析】绝缘托瓶架是用绝缘管或棒组成，用于对绝缘子串进行操作的装置。

105.

【题目出处】《国家电网公司电力安全工器具管理规定》的通知（国家电网企管〔2014〕748 号）

【答案】D

【答案解析】静辅助型绝缘靴（鞋）是由特种橡胶制成的、用于人体与地面辅助绝缘的靴（鞋）子。

106.

【题目出处】《国家电网公司电力安全工器具管理规定》的通知（国家电网企管〔2014〕748 号）

【答案】B

【答案解析】脚扣是用钢或合金材料制作的攀登电杆的工具。

107.

【题目出处】《国家电网公司电力安全工器具管理规定》的通知（国家电网

企管〔2014〕748 号）

【答案】D

【答案解析】纤维类安全工器具纤维类安全工器具应放在干燥、通风、避免阳光直晒、无腐蚀及有害物质的位置，并与热源保持 1m 以上的距离。

108.

【题目出处】《国家电网公司电力安全工器具管理规定》的通知（国家电网企管〔2014〕748 号）

【答案】A

【答案解析】静电防护服装应保持清洁，保持防静电性能，使用后用软毛刷、软布蘸中性洗涤剂刷洗，不可损伤服料纤维。

109.

【题目出处】《国家电网公司电力安全工器具管理规定》的通知（国家电网企管〔2014〕748 号）

【答案】B

【答案解析】绝缘垫（毯）应贮存在专用箱内，对潮湿的绝缘垫（毯）应进行干燥处理，但干燥处理的温度不能超过 65℃。

110.

【题目出处】《国家电网公司电力安全工器具管理规定》的通知（国家电网企管〔2014〕748 号）

【答案】A

【答案解析】使用梯子时，梯子与地面的夹角应为 60° 左右，工作人员必须在距梯顶 1m 以下的梯蹬上工作。

111.

【题目出处】《现场安全督查工作手册》

【答案】B

【答案解析】现场安全督查计划按照“周计划、日安排”原则执行。

112.

【题目出处】《现场安全督查工作手册》

【答案】C

【答案解析】管住现场检查内容包括应检查作业人员安全帽、工作服、绝缘鞋等是否合格、正确佩戴。

113.

【题目出处】《现场安全督查工作手册》

【答案】C

【答案解析】高处作业时，督查人员应检查在 5 级及以上大风以及暴雨、雷电、冰雹、大雾、沙尘暴等恶劣天气下，是否停止露天高处作业。

114.

【题目出处】《现场安全督查工作手册》

【答案】A

【答案解析】起重作业时，应检查吊车、起重机械等，是否装设接地线，其截面是否大于 $16mm^2$。

115.

【题目出处】《现场安全督查工作手册》

【答案】C

【答案解析】查晶闸管试验时，与试验带电体距离是否大于 0.7m。

116.

【题目出处】《现场安全督查工作手册》

【答案】C

【答案解析】变电器安装时，应检查变压器底部距离地面的高度是否大于 2.5m。

117.

【题目出处】《现场安全督查工作手册》

【答案】B

【答案解析】索道运输时，应检查索道支架是否稳固，支架拉线对地夹角是否超过 45°。

118.

【题目出处】《现场安全督查工作手册》

【答案】A

【答案解析】用电管理中，应检查室外 220V 灯具距地面是否大于 3m，室内 220V 灯具距地面是否大于 2.5m。

119.

【题目出处】《现场安全督查工作手册》

【答案】D

【答案解析】高处作业时，应检查使用单梯时梯面应与水平面是否成75°。

120.

【题目出处】《国网设备部关于进一步加强变电站内起重作业安全风险管控的通知》

【答案】A

【答案解析】吊车站内行驶时，车辆外廓与带电部位保持足够安全距离：10kV大于0.95m、35kV大于1.15m、110kV大于1.65m、220kV大于2.55m、330kV大于3.25m、500kV大于4.55m、750kV大于6.70m、1000kV大于8.25m。

（二）多选题（共100道）

1.

【题目出处】《国家电网有限公司现场安全督查工作规范》

【答案】ABC

【答案解析】现场安全督查是指公司系统各级安全督查队伍对各单位、各类作业现场开展的安全检查、违章查处、督促整改等现场安全监督检查工作。

2.

【题目出处】《国家电网有限公司现场安全督查工作规范》

【答案】ABCD

【答案解析】《国家电网有限公司现场安全督查工作规范（试行）》适用于各省、市、县供电公司及省公司所属建设、施工、检修、信通公司，公司所属生产性直属单位。

3.

【题目出处】《国家电网有限公司现场安全督查工作规范》

【答案】BCD

【答案解析】各单位负责安全督查队建设、管理工作，负责制定本单位安全督查要点、实施细则和违章记分标准，为安全督查工作提供人员、资金和装备保障。

4.

【题目出处】《国家电网有限公司现场安全督查工作规范》

【答案】AB

【答案解析】安全督查人员应熟悉安全生产相关专业知识和规章制度，具备一定文字处理能力。

5.

【题目出处】《国家电网有限公司现场安全督查工作规范》

【答案】ABCD

【答案解析】各单位应为安全督查队提供必要的办公场所和条件，配备督查车辆、办公用品、照相机、执法记录仪等办公和督查装备。

6.

【题目出处】《国家电网有限公司现场安全督查工作规范》

【答案】ABC

【答案解析】《违章整改通知单》的审核、下发、整改反馈等流程应纳入平台管控。

7.

【题目出处】《国家电网有限公司现场安全督查工作规范》

【答案】AB

【答案解析】二、直流现场到岗到位分级表：Ⅰ、Ⅱ级检修：省公司分管领导或设备部负责人，超高压公司（直流公司）分管领导、设备管理部门负责人应到岗到位。

8.

【题目出处】《国家电网有限公司现场安全督查工作规范》

【答案】AB

【答案解析】对发生严重违章或多次发生违章的人员，各单位应采取停工培训、待岗处理等措施，经考试合格后方可重新参与现场作业。

9.

【题目出处】《国家电网有限公司现场安全督查工作规范》

【答案】AB

【答案解析】安全督查队要重点检查现场作业人员安全文明施工、安全要求执行落实情况。

10.

【题目出处】《国家电网公司电力安全工器具管理规定》的通知（国家电网企管〔2014〕748 号）

【答案】ABC

【答案解析】质量监督指标应综合反映公司在电网建设、运行和供电服务等方面的整体质量情况。

11.

【题目出处】《国家电网公司电力安全工器具管理规定》的通知（国家电网企管〔2014〕748号）

【答案】ABCD

【答案解析】安全工器具必须符合国家和行业有关安全工器具的法律、法规、强制性标准和技术规程以及公司相应规程规定的要求。

12.

【题目出处】《国家电网公司电力安全工器具管理规定》的通知（国家电网企管〔2014〕748号）

【答案】ABCD

【答案解析】应进行预防性试验的安全工器具：

（一）规程要求进行试验的安全工器具。

（二）新购置和自制安全工器具使用前。

（三）检修后或关键零部件经过更换的安全工器具。

（四）对其机械、绝缘性能产生疑问或发现缺陷的安全工器具。

13.

【题目出处】《国家电网公司电力安全工器具管理规定》的通知（国家电网企管〔2014〕748号）

【答案】ABC

【答案解析】安全工器具符合下列条件之一者，即予以报废：

（一）经试验或检验不符合国家或行业标准的。

（二）超过有效使用期限，不能达到有效防护功能指标的。

（三）外观检查明显损坏影响安全使用的。

14.

【题目出处】《国家电网公司电力安全工器具管理规定》的通知（国家电网企管〔2014〕748号）

【答案】ABCD

【答案解析】安全工器具分为个体防护装备、绝缘安全工器具、登高工器具、安全围栏（网）和标识牌等四大类。

15.

【题目出处】《国家电网公司电力安全工器具管理规定》的通知（国家电网企管〔2014〕748 号）

【答案】ABCD

【答案解析】个体防护装备包括安全帽、防护眼镜、自吸过滤式防毒面具、正压式消防空气呼吸器、安全带、安全绳、连接器、速差自控器、导轨自锁器、缓冲器、安全网、静电防护服、防电弧服、耐酸服、SF_6防护服、耐酸手套、耐酸靴、导电鞋（防静电鞋）、个人保安线、SF_6气体检漏仪、含氧量测试仪及有害气体检测仪等。

16.

【题目出处】《国家电网公司电力安全工器具管理规定》的通知（国家电网企管〔2014〕748 号）

【答案】ABCD

【答案解析】安全帽由帽壳、帽衬、下颏带及附件等组成。

17.

【题目出处】《国家电网公司电力安全工器具管理规定》的通知（国家电网企管〔2014〕748 号）

【答案】BCD

【答案解析】安全带是防止高处作业人员发生坠落或发生坠落后将作业人员安全悬挂的个体防护装备，一般分为围杆作业安全带、区域限制安全带和坠落悬挂。

18.

【题目出处】《国家电网公司电力安全工器具管理规定》的通知（国家电网企管〔2014〕748 号）

【答案】AB

【答案解析】导轨自锁器是附着在刚性或柔性导轨上，可随使用者的移动沿导轨滑动，因坠落动作引发制动的装置。

19.

【题目出处】《国家电网公司电力安全工器具管理规定》的通知（国家电网企管〔2014〕748 号）

【答案】ABC

【答案解析】安全网一般由网体、边绳及系绳等构件组成。

20.

【题目出处】《国家电网公司电力安全工器具管理规定》的通知（国家电网企管〔2014〕748号）

【答案】ABC

【答案解析】安全网可分为平网、立网和密目式安全立网。

21.

【题目出处】《国家电网公司电力安全工器具管理规定》的通知（国家电网企管〔2014〕748号）

【答案】ACD

【答案解析】SF_6防护服是避免作业人员遭受高压电器中的分解产物氢氟酸、二氧化硫、低氟化物等有毒有害物质的伤害。

22.

【题目出处】《国家电网公司电力安全工器具管理规定》的通知（国家电网企管〔2014〕748号）

【答案】ABCD

【答案解析】SF_6防护服包括连体防护服、SF_6专用防毒面具、SF_6专用滤毒缸、工作手套和工作鞋等。

23.

【题目出处】《国家电网公司电力安全工器具管理规定》的通知（国家电网企管〔2014〕748号）

【答案】ABCD

【答案解析】基本绝缘安全工器具是指能直接操作带电装置、接触或可能接触带电体的工器具，其中大部分为带电作业专用绝缘安全工器具，包括电容型验电器、携带型短路接地线、绝缘杆、核相器、绝缘遮蔽罩、绝缘隔板、绝缘绳和绝缘夹钳等。

24.

【题目出处】《国家电网公司电力安全工器具管理规定》的通知（国家电网企管〔2014〕748号）

【答案】ABC

【答案解析】辅助绝缘安全工器具辅助绝缘安全工器具是指绝缘强度不是承受设备或线路的工作电压，只是用于加强基本绝缘工器具的保安作用，用以防止接触电压、跨步电压、泄漏电流电弧对操作人员的伤害。

25.

【题目出处】《国家电网公司电力安全工器具管理规定》的通知（国家电网企管〔2014〕748 号）

【答案】ABCD

【答案解析】安全围栏（网）和标识牌安全围栏（网）包括各种安全警告牌、设备标示牌、锥形交通标、警示带等。

26.

【题目出处】《国家电网公司电力安全工器具管理规定》的通知（国家电网企管〔2014〕748 号）

【答案】ABC

【答案解析】橡胶塑料类安全工器具应存放在干燥、通风、避光的环境下，存放时离开地面和墙壁 20cm 以上，离开发热源 1m 以上。

27.

【题目出处】《国家电网公司电力安全工器具管理规定》的通知（国家电网企管〔2014〕748 号）

【答案】ABCD

【答案解析】空气呼吸器在贮存时应装入包装箱内，避免长时间曝晒，不能与油、酸、碱或其他有害物质共同贮存，严禁重压。

28.

【题目出处】《国家电网公司电力安全工器具管理规定》的通知（国家电网企管〔2014〕748 号）

【答案】ABCD

【答案解析】环氧树脂类安全工器具应置于通风良好、清洁干燥、避免阳光直晒和无腐蚀、有害物质的场所保存。

29.

【题目出处】《国家电网公司电力安全工器具管理规定》的通知（国家电网企管〔2014〕748 号）

【答案】AB

【答案解析】验电器使用后应存放在防潮盒或绝缘安全工器具存放柜内，置于通风干燥处。

30.

【题目出处】《国家电网公司电力安全工器具管理规定》的通知（国家电网企管〔2014〕748 号）

【答案】BC

【答案解析】屏蔽服装应避免熨烫和过渡折叠，应包装在一个里面衬有丝绸布的塑料袋里，避免导电织物的导电材料在空气中氧化。整箱包装时，避免屏蔽服装受重压。

31.

【题目出处】《国家电网公司电力安全工器具管理规定》的通知（国家电网企管〔2014〕748 号）

【答案】ABCD

【答案解析】软梯的检查要求是：

（1）标志清晰，每股绝缘绳索及每股线均应紧密绞合，不得有松散、分股的现象。

（2）绳索各股及各股中丝线均不应有叠痕、凸起、压伤、背股、抽筋等缺陷，不得有错乱、交叉的丝、线、股。

（3）接头应单根丝线连接，不允许有股接头。单丝接头应封闭于绳股内部，不得露在外面。

（4）股绳和股线的捻距及纬线在其全长上应均匀。

（5）经防潮处理后的绝缘绳索表面应无油渍、污迹、脱皮等。

32.

【题目出处】《国家电网公司电力安全工器具管理规定》的通知（国家电网企管〔2014〕748 号）

【答案】ABCD

【答案解析】检查绝缘滑车时，应检查商标、型号、制造日期、制造厂名、出厂编号及带电作业用（双三角）符号等标识清晰完整。

33.

【题目出处】《国家电网有限公司作业安全风险管控工作规定（草案)》

【答案】ABCD

【答案解析】班组职责是负责落实现场勘察、风险评估、“两票”执行、班前（后）会、安全交底、作业监护等安全管控措施和要求。

34.

【题目出处】《国家电网有限公司作业安全风险管控工作规定（草案）》

【答案】ABCD

【答案解析】各单位应根据设备状态、电网需求、基建技改及用户工程、保供电、气候特点、承载力、物资供应等因素，按照作业计划编制“六优先、九结合”原则。

35.

【题目出处】《国家电网有限公司作业安全风险管控工作规定（草案）》

【答案】ABCD

【答案解析】承发包工程作业应由项目主管部门、单位组织，设备运维管理单位和作业单位共同参与。

36.

【题目出处】《国家电网有限公司作业安全风险管控工作规定（草案）》

【答案】AB

【答案解析】对涉及多专业、多单位的大型复杂作业项目，应由项目主管部门、单位组织相关人员共同参与。

37.

【题目出处】《国家电网有限公司作业安全风险管控工作规定（草案）》

【答案】AC

【答案解析】作业风险评估定级完成后，作业单位应根据现场勘察结果和风险评估定级的内容制定管控措施，编制审批“两票”“三措一案”。

38.

【题目出处】《国家电网有限公司作业安全风险管控工作规定（草案）》

【答案】ABCD

【答案解析】因现场作业条件变化引起风险等级调整的，应重新履行识别、评估、定级和管控措施制定审核等工作程序。

39.

【题目出处】《国家电网有限公司作业安全风险管控工作规定（草案）》

【答案】ABC

【答案解析】总部、省公司、地市公司级单位按周组织作业风险管控工作督查会议，对所属单位作业风险管控工作情况进行督查。

40.

【题目出处】《国家电网有限公司作业安全风险管控工作规定（草案)》

【答案】BCD

【答案解析】地市（县）公司级单位、二级机构按照“谁管理、谁公示”原则，以审定的作业计划、风险等级、管控措施为依据，每周日前对本层级（不含下层级）管理的下周所有作业风险进行全面公示。

41.

【题目出处】《国家电网有限公司作业安全风险管控工作规定（草案)》

【答案】ACD

【答案解析】工作许可人、工作负责人共同做好现场安全措施的布置、检查及确认等工作，必要时进行补充完善，并做好相关记录。安全措施布置完成前，禁止作业。

42.

【题目出处】《国家电网有限公司作业安全风险管控工作规定（草案)》

【答案】CD

【答案解析】工作负责人办理工作许可手续后，组织全体作业人员开展安全交底，并应用移动作业 App 留存工作许可、安全交底录音或影像等资料。

43.

【题目出处】《国家电网有限公司作业安全风险管控工作规定（草案)》

【答案】AC

【答案解析】现场作业过程中，工作负责人、专责监护人应始终在作业现场，严格执行工作监护和间断、转移等制度，做好现场工作的有序组织和安全监护。

44.

【题目出处】《国家电网有限公司作业安全风险管控工作规定（草案)》

【答案】BCD

【答案解析】现场工作结束后，工作负责人应配合设备运维管理单位做好验收工作，核实工器具、视频监控设备回收情况，清点作业人员，应用移动作业 App 做好工作终结记录。

45.

【题目出处】《国家电网有限公司作业安全风险管控工作规定（草案）》

【答案】AB

【答案解析】工作结束后班组长应组织全体班组人员召开班后会，对作业现场安全管控措施落实及“两票三制”执行情况总结评价，分析不足，表扬遵章守纪行为，批评忽视安全、违章作业等不良现象。

46.

【题目出处】《国家电网有限公司作业安全风险管控工作规定（草案）》

【答案】ABCD

【答案解析】各级安监部门应将作业风险管控工作纳入日常督查工作内容，将无计划作业、随意变更作业计划、风险评估定级不严格、管控措施不落实等情形纳入违章行为进行严肃通报处罚。

47.

【题目出处】《国家电网有限公司作业安全风险管控工作规定（草案）》

【答案】ABC

【答案解析】生产检修与基建、技改、用户工程相结合。

48.

【题目出处】《国家电网有限公司作业安全风险管控工作规定（草案）》

【答案】AB

【答案解析】各级单位应加强作业现场安全监督检查，充分发挥安全监督体系和保证体系作用，依托各级安全管控中心、安全督查队等对各类作业现场开展“四不两直”现场和远程视频安全督查。

49.

【题目出处】《国家电网有限公司作业安全风险管控工作规定（草案）》

【答案】ABCD

【答案解析】风险公示内容应包括：作业内容、作业时间、作业地点、专业类型、风险等级、风险因素、作业单位、工作负责人姓名及联系方式、到岗到位人员信息等。

50.

【题目出处】《国家电网有限公司作业安全风险管控工作规定（草案）》

【答案】ABC

【答案解析】作业计划应包括作业内容、作业时间、作业地点、作业人数、工作票种类、专业类型、风险等级、风险要素、作业单位、工作负责人及联系方式、到岗到位人员信息等内容。

51.

【题目出处】《国家电网有限公司作业安全风险管控工作规定（草案）》

【答案】ACD

【答案解析】设备、营销、建设、调控中心等专业部门负责建立健全本专业作业风险管控工作机制，细化落实公司风险管控工作有关要求；督促地市公司级单位落实作业风险相关管控要求，参加本单位风险管控工作督查会议。

52.

【题目出处】《国家电网有限公司作业安全风险管控工作规定（草案）》

【答案】ABCD

【答案解析】运检、营销、建设、调控中心等专业部门负责组织本专业作业计划编制、风险评估定级、管控措施落实等工作；按要求组织开展到岗到位工作；参加风险管控工作督查会议。

53.

【题目出处】《国家电网有限公司作业安全风险管控工作规定（草案）》

【答案】ABCDE

【答案解析】设备部、营销部、基建部、特高压部、国调中心等专业部门负责建立健全本专业作业风险相关管理制度标准和规程规范，并组织执行；督促省公司级单位落实作业风险相关管控要求，参加总部风险管控工作督查会议。

54.

【题目出处】《国家电网有限公司作业安全风险管控工作规定（草案）》

【答案】ABCD

【答案解析】安监部门负责建立健全作业风险管控工作监督机制，组织作业风险管控工作监督、检查、评价、考核，牵头组织风险管控工作督查会议。

55.

【题目出处】《国家电网有限公司作业安全风险管控工作规定（草案）》

【答案】ABCD

【答案解析】现场勘察应包括：工作地点需停电的范围，保留的带电部位，作业现场的条件、环境及其他危险点、需要采取的安全措施，附图及说明等内容。

56.

【题目出处】《国家电网有限公司作业安全风险管控工作规定（草案）》

【答案】ABCD

【答案解析】构架上有影响攀登的附挂物，造成人员高处坠落。如：照明灯、标示牌、支撑架、拉线等。

57.

【题目出处】《国家电网公司业务外包安全监督管理办法》

【答案】BC

【答案解析】公司采取安全资信报备、承揽项目登记、入场核查验证、过程风险管控以及对发生安全事故、安全管理不规范的承包单位实行“安全黑名单”（简称“黑名单”）和“安全负面清单”（简称“负面清单”）管理等措施，对业务外包安全实行全过程监督管理。

58.

【题目出处】《国家电网公司业务外包安全监督管理办法》

【答案】BC

【答案解析】本办法适用于公司总部（分部）、公司各单位。代管县供电企业参照执行。

59.

【题目出处】《国家电网公司业务外包安全监督管理办法》

【答案】ABCD

【答案解析】国家电网公司的发包单位负责履行国家有关法律法规、承包合同及安全协议规定的发包单位应承担的安全职责；负责执行公司业务外包安全监督管理办法，开展外包项目安全管理，组织落实安全资信报备、承揽项目登记、入场核查验证、过程监督检查、“黑名单”和“负面清单”管理等要求。

60.

【题目出处】《国家电网公司业务外包安全监督管理办法》

【答案】ABCD

【答案解析】承包单位职责：负责履行国家有关法律法规、承包合同及安全协议规定的承包单位应承担的安全职责；负责承揽项目安全管理；负责执行公司业务外包安全监督管理办法，报备安全资信、登记承揽项目信息，加强承揽项目实施过程安全管控，保障施工作业安全；配合发包单位开展入场核查验证、过程监督检查、“黑名单”和“负面清单”管理等工作。

61.

【题目出处】《国家电网公司业务外包安全监督管理办法》

【答案】ABCD

【答案解析】监理单位（如有）职责：依据国家有关法律法规、监理合同及安全协议，履行监理安全职责，认真开展外包项目安全审查、验证、检查、旁站、签证等工作。

62.

【题目出处】《国家电网公司业务外包安全监督管理办法》

【答案】ABC

【答案解析】公司实行承包单位安全资信报备制度。承包单位在参与外包项目采购活动前，报备企业安全资信（企业资质、业务资质、安全生产许可证等）及其法定代表人、项目负责人（项目经理，下同）的安全资信（身份证、社保缴纳证明、资格证书等）。

63.

【题目出处】《国家电网公司业务外包安全监督管理办法》

【答案】ABCD

【答案解析】承包单位安全资信发生变化，如企业资质、业务资质变化或安全生产许可证延期、法定代表人发生变动等，承包单位应及时到首次受理报备资料的单位安质部门进行变更，并记录在公司外包安全资信系统中。

64.

【题目出处】《国家电网公司业务外包安全监督管理办法》

【答案】ABC

【答案解析】发包单位应对外包项目的承包单位明确提出安全资信要求和安全条件，并进行审查。包括但不限于以下内容：企业资质（营业执照、法定代表人资格证书）、业务资质（建设主管部门和电力监管部门颁发的资质证书）和安全资质（安全生产许可证）是否符合要求。

65.

【题目出处】《国家电网公司业务外包安全监督管理办法》

【答案】ABD

【答案解析】发包单位、承包单位、监理单位（如有）应根据国家法规制度、承包合同及安全协议，认真履行各自安全责任，按照职责分工开展外包项目实施过程安全管控。

66.

【题目出处】《国家电网公司业务外包安全监督管理办法》

【答案】AC

【答案解析】发包单位安质部门负责起草“负面清单”，并会同业务部门、物资部门审核确认后正式公布，报发包单位所属省公司级单位安质部门备案，并在公司外包安全资信系统中发布。

67.

【题目出处】《国家电网公司业务外包安全监督管理办法》

【答案】ABCD

【答案解析】承包单位有下列情形之一的，将该承包单位及相应项目负责人纳入Ⅲ级“黑名单”：

1. 发生负有主要责任的五级、六级人身事件；
2. 发生负有主要责任的七级电网事件；
3. 发生负有主要责任的七级设备事件；
4. 发生负有主要责任的八级信息系统事件；
5. 发生负有主要责任的直接经济损失10万元以上50万元以下火灾事故；
6. 发生对国家电网公司有一定负面影响的安全事故（件）；
7. 地市公司级单位认定有必要纳入“黑名单”管理的。

68.

【题目出处】《国家电网公司业务外包安全监督管理办法》

【答案】ABCD

【答案解析】承包单位有下列情形之一的，将该承包单位及相应项目负责人纳入Ⅱ级“黑名单”：

1. 发生负有主要责任的四级人身事故；
2. 发生负有主要责任的六级电网事件；
3. 发生负有主要责任的五级、六级设备事件；
4. 发生负有主要责任的六级、七级信息系统事件；
5. 发生负有主要责任的直接经济损失50万元以上500万元以下火灾事故；
6. 发生对国家电网公司有较大负面影响的安全事故（件）；

7. 省公司级单位认定有必要纳入“黑名单”管理的。

69.

【题目出处】《国家电网公司业务外包安全监督管理办法》

【答案】ABCD

【答案解析】承包单位有下列情形之一的，将该承包单位及相应项目负责人纳入Ⅰ级“黑名单”：

1. 发生负有主要责任的三级以上人身事故；

2. 发生负有主要责任的五级以上电网事件；

3. 发生负有主要责任的四级以上设备事故；

4. 发生负有主要责任的五级信息系统事件；

5. 发生负有主要责任的直接经济损失500万元以上火灾事故；

6. 发生对国家电网公司有严重负面影响的安全事故（件）；

7. 国家电网公司认定有必要纳入“黑名单”管理的。

70.

【题目出处】《国家电网公司业务外包安全监督管理办法》

【答案】ABCD

【答案解析】1. 发生负有主要责任的安全事件，未达到列入“黑名单”条件的 2. 严重违章；3. 造成责任性重大隐患；4. 不按计划治理隐患；5. 安全资信变化但不履行变更手续；6. 发包单位认定其他有必要列入“负面清单”的情形；7. 公司有关规定要求的情形。

71.

【题目出处】《国家电网公司业务外包安全监督管理办法》

【答案】ABC

【答案解析】专业承包的项目登记内容：项目名称、项目主要内容、外包类型、实施时间、实施地点（场所）、项目监理单位（如有）、项目发包单位、项目承包单位等。

72.

【题目出处】《国家电网公司业务外包安全监督管理办法》

【答案】ABCD

【答案解析】劳务外包的人员登记内容：劳务外包项目负责人、身份证号码、照片、资格证书及编号、电话号码。

73.

【题目出处】《国家电网公司业务外包安全监督管理办法》

【答案】**ABCD**

【答案解析】承包合同应具体明确外包项目内容、实施场所（地点）、外包类型以及承包单位项目负责人、专职安全生产管理人员等基本信息。

74.

【题目出处】《国家电网公司业务外包安全监督管理办法》

【答案】**CD**

【答案解析】承包单位登记信息由发包单位负责核实，统一在公司外包安全资信系统进行发布，在公司系统共享，供各单位查询、统计、开展承包单位安全承载力分析等工作使用。

75.

【题目出处】《国家电网公司业务外包安全监督管理办法》

【答案】**ABCD**

【答案解析】发包单位应对承包单位项目负责人、专职安全生产管理人员等进行全面的安全技术交底，共同勘察现场，填写勘察记录，指出危险源和存在的安全风险，明确安全防护措施，提供安全作业相关资料信息，并应有完整的记录或资料。

76.

【题目出处】《国家电网公司业务外包安全监督管理办法》

【答案】**ABCD**

【答案解析】外包项目所使用的施工机械、工器具、安全用具及安全防护设施应按规定进行保养、检查、检测、保管，确保状态良好、安全可靠，并建立相应的资料档案。

77.

【题目出处】《国家电网公司业务外包安全监督管理办法》

【答案】**BCD**

【答案解析】通过开展安全检查、安全旁站和巡视等，及时发现承包单位施工作业现场存在的安全问题并督促整改，情节严重时应下达停工令。

78.

【题目出处】《国家电网公司业务外包安全监督管理办法》

【答案】BC

【答案解析】依据国家有关规定与要求，公司对发生安全事故（件）、存在违法违规行为、安全管理混乱的承包单位及其项目负责人实行“黑名单”和“负面清单”管理。

79.

【题目出处】《国家电网公司业务外包安全监督管理办法》

【答案】AD

【答案解析】依据报告结论起草“黑名单”，逐级上报至Ⅰ、Ⅱ、Ⅲ级“黑名单”对应的审定单位安质部门，安质部门会同业务部门、物资部门审核确认后正式公布，并录入公司外包安全资信系统进行发布。

80.

【题目出处】《国家电网公司业务外包安全监督管理办法》

【答案】ABCD

【答案解析】在外包项目实施完毕后，对承包单位安全管理能力作出优、良、一般、差的评价，并录入公司外包安全资信系统。

81.

【题目出处】《国家电网公司业务外包安全监督管理办法》

【答案】BCD

【答案解析】对承包单位有造假、篡改、瞒报等违规行为的，视其严重程度列入“黑名单”或“负面清单”管理。

82.

【题目出处】《国家电网公司业务外包安全监督管理办法》

【答案】ABCD

【答案解析】依据住建部印发的《建筑业企业资质管理规定》（住房城乡建设部令第22号），建设工程施工类外包有施工总承包、专业承包、专业分包、劳务分包四种形式。

83.

【题目出处】《国家电网公司电力安全工作规程（变电部分）》

【答案】ABC

【答案解析】6.1 在电气设备上工作，保证安全的组织措施。

a）现场勘察制度。

b）工作票制度。

c）工作许可制度。

d）工作监护制度。

e）工作间断、转移和终结制度。

84.

【题目出处】《国家电网公司电力安全工作规程（变电部分）》

【答案】ABCD

【答案解析】6.3.1 在电气设备上的工作，应填用工作票或事故紧急抢修单，其方式有以下 6 种：

a）填用变电站（发电厂）第一种工作票（见附录 B）。

b）填用电力电缆第一种工作票（见附录 C）。

c）填用变电站（发电厂）第二种工作票（见附录 D）。

d）填用电力电缆第二种工作票（见附录 E）。

e）填用变电站（发电厂）带电作业工作票（见附录 F）。

f）填用变电站（发电厂）事故紧急抢修单（见附录 G）。

85.

【题目出处】《国家电网公司电力安全工作规程（变电部分）》

【答案】ACD

【答案解析】6.3.3 填用第二种工作票的工作为：

a）控制盘和低压配电盘、配电箱、电源干线上的工作。

b）二次系统和照明等回路上的工作，无需将高压设备停电者或做安全措施者。

c）转动中的发电机、同期调相机的励磁回路或高压电动机转子电阻回路上的工作。

d）非运维人员用绝缘棒、核相器和电压互感器定相或用钳型电流表测量高压回路的电流。

e）大于表 1 距离的相关场所和带电设备外壳上的工作以及无可能触及带电设备导电部分的工作。

f）高压电力电缆不需停电的工作。

g）换流变压器、直流场设备及阀厅设备上工作，无需要将直流单、双极或直流滤波器停用者。

h）直流保护控制系统的工作，无需将高压直流系统停用者。

i）换流阀水冷系统、阀厅空调系统、火灾报警系统及图像监视系统等工作，无需将高压直流系统停用者。

86.

【题目出处】《国家电网公司电力安全工作规程（变电部分）》

【答案】ABC

【答案解析】6.3.7.2 用计算机生成或打印的工作票应使用统一的票面格式，由工作票签发人审核无误，手工或电子签名后方可执行。工作票一份应保存在工作地点，由工作负责人收执；另一份由工作许可人收执，按值移交。工作许可人应将工作票的编号、工作任务、许可及终结时间记入登记簿。

87.

【题目出处】《国家电网公司电力安全工作规程（变电部分）》

【答案】AD

【答案解析】6.3.7.4 工作票由工作负责人填写，也可以由工作票签发人填写。

88.

【题目出处】《国家电网公司电力安全工作规程（变电部分）》

【答案】ABD

【答案解析】6.3.7.5 工作票由设备运维管理单位签发，也可由经设备运维管理单位审核合格且经批准的检修及基建单位签发。检修及基建单位的工作票签发人、工作负责人名单应事先送有关设备运维管理单位、调度控制中心备案。

89.

【题目出处】《国家电网公司电力安全工作规程（变电部分）》

【答案】AB

【答案解析】6.3.7.7 第一种工作票所列工作地点超过两个，或有两个及以上不同的工作单位（班组）在一起工作时，可采用总工作票和分工作票。总、分工作票应由同一个工作票签发人签发。总工作票上所列的安全措施应包括所有分工作票上所列的安全措施。几个班同时进行工作时，总工作票的工作班成员栏内，只填明各分工作票的负责人，不必填写全部工作班人员姓名。分工作票上要填写工作班人员姓名。总、分工作票在格式上与第一种工作票一致。分工作票应一式两份，由总工作票负责人和分工作票负责人分别收执。分工作票的许可和终结，由分工作票负责人与总工作票负责人办理。分工作票应在总工作票许可后才可许可；总工作票应在所有分工作票终结后才可终结。

90.

【题目出处】《国家电网公司电力安全工作规程（变电部分）》

【答案】ABC

【答案解析】6.3.7.7 第一种工作票所列工作地点超过两个，或有两个及以上不同的工作单位（班组）在一起工作时，可采用总工作票和分工作票。总、分工作票应由同一个工作票签发人签发。总工作票上所列的安全措施应包括所有分工作票上所列的安全措施。几个班同时进行工作时，总工作票的工作班成员栏内，只填明各分工作票的负责人，不必填写全部工作班人员姓名。分工作票上要填写工作班人员姓名。总、分工作票在格式上与第一种工作票一致。分工作票应一式两份，由总工作票负责人和分工作票负责人分别收执。分工作票的许可和终结，由分工作票负责人与总工作票负责人办理。分工作票应在总工作票许可后才可许可；总工作票应在所有分工作票终结后才可终结。

91.

【题目出处】《国家电网公司电力安全工作规程（变电部分）》

【答案】ABC

【答案解析】6.3.7.8 供电单位或施工单位到用户变电站内施工时，工作票应由有权签发工作票的用户单位、施工单位或供电单位签发。

92.

【题目出处】《国家电网公司电力安全工作规程（变电部分）》

【答案】AB

【答案解析】6.3.8.6 持线路或电缆工作票进入变电站或发电厂升压站进行架空线路、电缆等工作，应增填工作票份数，由变电站或发电厂工作许可人许可，并留存。上述单位的工作票签发人和工作负责人名单应事先送有关运维单位备案。

93.

【题目出处】《国家电网公司电力安全工作规程（变电部分）》

【答案】ABD

【答案解析】6.3.8.7 需要变更工作班成员时，应经工作负责人同意，在对新的作业人员进行安全交底手续后，方可进行工作。非特殊情况不得变更工作负责人，如确需变更工作负责人应由工作票签发人同意并通知工作许可人，工作许可人将变动情况记录在工作票上。工作负责人允许变更一次。原、现工作负责人应对工作任务和安全措施进行交接。

94.

【题目出处】《国家电网公司电力安全工作规程（变电部分）》

【答案】BC

【答案解析】6.3.8.8 在原工作票的停电及安全措施范围内增加工作任务时，应由工作负责人征得工作票签发人和工作许可人同意，并在工作票上增填工作项目。若需变更或增设安全措施者应填用新的工作票，并重新履行签发许可手续。

95.

【题目出处】《国家电网公司电力安全工作规程（变电部分）》

【答案】ABD

【答案解析】6.3.8.10 第一种工作票应在工作前一日送达运维人员，可直接送达或通过传真、局域网传送，但传真传送的工作票许可应待正式工作票到达后履行。临时工作可在工作开始前直接交给工作许可人。第二种工作票和带电作业工作票可在进行工作的当天预先交给工作许可人。

96.

【题目出处】《国家电网公司电力安全工作规程（变电部分）》

【答案】ABC

【答案解析】6.3.9.2 第一、二种工作票需办理延期手续，应在工期尚未结束以前由工作负责人向运维负责人提出申请（属于调控中心管辖、许可的检修设备，还应通过值班调控人员批准），由运维负责人通知工作许可人给予办理。第一、二种工作票只能延期一次。带电作业工作票不准延期。

97.

【题目出处】《国家电网公司电力安全工作规程（变电部分）》

【答案】BCD

【答案解析】6.3.10.1 工作票的签发人应是熟悉人员技术水平、熟悉设备情况、熟悉本规程，并具有相关工作经验的生产领导人、技术人员或经本单位批准的人员。工作票签发人员名单应公布。

98.

【题目出处】《国家电网公司电力安全工作规程（变电部分）》

【答案】ABC

【答案解析】6.3.11.1 工作票签发人：

a）确认工作必要性和安全性。

b）确认工作票上所填安全措施是否正确完备。

c）确认所派工作负责人和工作班人员是否适当和充足。

99.

【题目出处】《国家电网公司电力安全工作规程（变电部分）》

【答案】**ABD**

【答案解析】6.3.11.2 工作负责人（监护人）：

a）正确组织工作。

b）检查工作票所列安全措施是否正确完备，是否符合现场实际条件，必要时予以补充完善。

c）工作前，对工作班成员进行工作任务、安全措施、技术措施交底和危险点告知，并确认每个工作班成员都已签名。

d）严格执行工作票所列安全措施。

e）监督工作班成员遵守本规程，正确使用劳动防护用品和安全工器具以及执行现场安全措施。

f）关注工作班成员身体状况和精神状态是否出现异常迹象，人员变动是否合适。

100.

【题目出处】《国家电网公司电力安全工作规程（变电部分）》

【答案】**ABCD**

【答案解析】6.3.11.2 工作负责人（监护人）：

a）正确组织工作。

b）检查工作票所列安全措施是否正确完备，是否符合现场实际条件，必要时予以补充完善。

c）工作前，对工作班成员进行工作任务、安全措施、技术措施交底和危险点告知，并确认每个工作班成员都已签名。

d）严格执行工作票所列安全措施。

e）监督工作班成员遵守本规程，正确使用劳动防护用品和安全工器具以及执行现场安全措施。

f）关注工作班成员身体状况和精神状态是否出现异常迹象，人员变动是否合适。

（三）判断题（共100道）

1.

【题目出处】《国家电网有限公司作业安全风险管控工作规定（草案）》

【答案】错误

【答案解析】生产作业、营销作业、输变电工程、配（农）网建设、迁改工程施工、信息通信作业，以及送变电公司和省管产业单位承揽的外部建设项目施工均应纳入作业计划管控，严禁无计划作业。

2.

【题目出处】《国家电网有限公司作业安全风险管控工作规定（草案）》

【答案】错误

【答案解析】作业计划实行刚性管理，禁止随意更改和增减作业计划，确属特殊情况需追加或者变更作业计划，应按专业要求履行审批手续后方可实施。

3.

【题目出处】《国家电网有限公司作业安全风险管控工作规定（草案）》

【答案】错误

【答案解析】生产作业、配（农）网工程施工作业、营销作业参照典型生产作业风险定级库进行风险定级。

4.

【题目出处】《国家电网有限公司作业安全风险管控工作规定（草案）》

【答案】错误

【答案解析】三级风险作业，风险管控措施应由地市级单位专业管理部门组织审核；工程施工作业由业主项目部审核。

5.

【题目出处】《国家电网有限公司作业安全风险管控工作规定（草案）》

【答案】错误

【答案解析】核实作业人员是否具备安全准入资格、特种作业人员是否持证上岗、特种设备是否检测合格。

6.

【题目出处】《国家电网有限公司作业安全风险管控工作规定（草案）》

【答案】正确

【答案解析】按要求装设视频监控终端等设备，并通过移动作业 App 与作业计划关联。

7.

【题目出处】《国家电网有限公司作业安全风险管控工作规定（草案）》

【答案】错误

【答案解析】输变电工程到岗到位要求按照《国家电网有限公司输变电工程建设安全管理规定》执行。

8.

【题目出处】《国家电网有限公司作业安全风险管控工作规定（草案）》

【答案】错误

【答案解析】省公司级单位应对所辖范围内的二级风险作业现场开展全覆盖督查。

9.

【题目出处】《国家电网有限公司作业安全风险管控工作规定（草案）》

【答案】错误

【答案解析】地市公司级单位应对所辖范围内的三级及以上风险作业现场开展全覆盖督查。

10.

【题目出处】《国家电网有限公司作业安全风险管控工作规定（草案）》

【答案】错误

【答案解析】对不严格执行本规定要求导致作业风险失控引发安全事故（事件）的，严格按照国家有关法律法规和公司事故（件）调查处理有关规定执行。公司将依据安全奖惩有关规章制度，严肃追究相关责任单位和人员责任。

11.

【题目出处】《国家电网有限公司作业安全风险管控工作规定（草案）》

【答案】错误

【答案解析】省公司级单位每周由副总师及以上负责同志主持、安监部门牵头召开督查会议，对本单位作业风险管控情况，各专业二级及以上作业风险评估定级、管控措施制定等进行督查。

12.

【题目出处】《国家电网公司业务外包安全监督管理办法》

【答案】错误

【答案解析】其他专业部门：负责本专业业务外包安全管理；组织开展本专业业务外包安全工作的检查、评价和考核；指导各省级单位开展业务外包安全管理工作；协同国网安质部管理本专业职责范围内的承包单位安全资信和“黑名单”。

13.

【题目出处】《国家电网公司业务外包安全监督管理办法》

【答案】正确

【答案解析】物资部门：负责将承包单位安全资信报备纳入本单位采购工作统筹管理，落实“黑名单”和“负面清单”管理相关要求。

14.

【题目出处】《国家电网公司业务外包安全监督管理办法》

【答案】正确

【答案解析】法律事务部门：负责本单位“黑名单”“负面清单”管理合法合规性审核。

15.

【题目出处】《国家电网公司业务外包安全监督管理办法》

【答案】错误

【答案解析】各级物资管理部门在外包项目采购中，应将承包单位安全资信报备情况纳入招标文件和评标标准进行管控。

16.

【题目出处】《国家电网公司业务外包安全监督管理办法》

【答案】正确

【答案解析】发包单位应对外包项目的承包单位明确提出安全资信要求和安全条件，并进行审查。包括但不限于以下内容：企业负责人、项目负责人、专职安全生产管理人员是否持有国家有关部门规定的有效安全证件，作业人员是否有安全培训记录，人员素质是否符合要求。

17.

【题目出处】《国家电网公司业务外包安全监督管理办法》

【答案】错误

【答案解析】安全协议中应具体规定发包单位和承包单位各自应承担的安全责任和评价考核条款，由发包单位安质部门审查。

18.

【题目出处】《国家电网公司业务外包安全监督管理办法》

【答案】错误

【答案解析】建设工程施工类外包的承包合同，应明确承包单位需自行完成的主体工程或关键性工作，禁止承包单位将主体工程或关键性工作违规分包。

19.

【题目出处】《国家电网公司业务外包安全监督管理办法》

【答案】正确

【答案解析】承包合同及安全协议必须由发包单位与承包单位双方法定代表人或其授权委托人（提供授权委托书）签订。严禁与非法人单位、不能有效代表承包单位的人员签订承包合同。严禁与个人签订承包合同。

20.

【题目出处】《国家电网公司业务外包安全监督管理办法》

【答案】错误

【答案解析】承包合同和安全协议书面签订完成前，严禁承包单位提前实施外包项目（含辅助性工作）。

21.

【题目出处】《国家电网公司业务外包安全监督管理办法》

【答案】错误

【答案解析】发包单位不得随意压缩外包项目工期。如工期确需调整，应当对安全影响进行论证和评估。论证和评估应当提出相应的组织措施和安全保障措施。

22.

【题目出处】《国网 89 号文－到岗到位分级表》

【答案】正确

【答案解析】一、变电现场到岗到位分级表 Ⅰ级检修：省公司分管领导或设备部负责人，超高压公司分管领导、设备管理部门负责人应到岗到位。

23.

【题目出处】《国网 89 号文–到岗到位分级表》

【答案】正确

【答案解析】输电现场到岗到位分级表：220kV 及以下线路Ⅰ级作业风险检修：市公司分管领导或专业管理负责人应到岗到位，省公司设备部相关人员必要时应到岗到位或组织专家组开展现场督察。

24.

【题目出处】《国家电网有限公司现场安全督查工作规范》

【答案】错误

【答案解析】各单位应根据违章类型和性质，参照公司《安全生产典型违章 100 条》，细化违章分级判定标准，制定违章记分规则，将违章记分纳入作业人员和单位安全评价考核。

25.

【题目出处】《国网 89 号文–变电站作业风险管控实施细则》

【答案】错误

【答案解析】为提高现场作业安全、质效，针对变电专业实际情况，制定并应用“一表一库”，明确“五级五控”具体管理措施，特制定变电站作业风险管控实施细则。本细则适用于公司系统变电二次设备检修工作。二次设备作业风险管控实施细则另行制定。

26.

【题目出处】《国家电网公司电力安全工器具管理规定》的通知（国家电网企管〔2014〕748 号）

【答案】错误

【答案解析】带电作业用绝缘靴（鞋）由绝缘材料制成，带有防滑的鞋底，在带电作业中用于防止工作人员脚部触电。

27.

【题目出处】《国家电网公司电力安全工器具管理规定》的通知（国家电网企管〔2014〕748 号）

【答案】正确

【答案解析】带电作业用绝缘垫是由绝缘材料制成，敷设在地面或接地物体上以保护作业人员免遭电击的垫子。

28.

【题目出处】《国家电网公司电力安全工器具管理规定》的通知（国家电网企管〔2014〕748 号）

【答案】正确

【答案解析】防毒面具的滤毒罐（盒）的贮存期为 5 年（3 年），过期产品应经检验合格后方可使用。

29.

【题目出处】《国家电网公司电力安全工器具管理规定》的通知（国家电网企管〔2014〕748 号）

【答案】正确

【答案解析】橡胶和塑料制成的耐酸服存放时应注意避免接触高温，用后清洗晾干，避免暴晒，长期保存应撒上滑石粉以防黏连。

30.

【题目出处】《国家电网公司电力安全工器具管理规定》的通知（国家电网企管〔2014〕748 号）

【答案】错误

【答案解析】绝缘杆应架在支架上或悬挂起来，且不得贴墙放置。

31.

【题目出处】《国家电网公司电力安全工器具管理规定》的通知（国家电网企管〔2014〕748 号）

【答案】错误

【答案解析】合成纤维带速差式防坠器，如果纤维带浸过泥水、油污等，应使用清水（勿用化学洗涤剂）和软刷对纤维带进行刷洗，清洗后放在阴凉处自然干燥，并存放在干燥少尘环境下。

32.

【题目出处】《国家电网公司电力安全工器具管理规定》的通知（国家电网企管〔2014〕748 号）

【答案】正确

【答案解析】当绝缘垫（毯）脏污时，可在不超过制造厂家推荐的水温下对其用肥皂进行清洗，再用滑石粉让其干燥。

33.

【题目出处】《国家电网公司电力安全工器具管理规定》的通知（国家电网

企管〔2014〕748 号）

【答案】错误

【答案解析】使用软梯进行移动作业时，软梯上只准一人工作。

34.

【题目出处】《国家电网公司电力安全工器具管理规定》的通知（国家电网企管〔2014〕748 号）

【答案】错误

【答案解析】带电作业用绝缘滑车不准拴在不牢固的结构物上。

35.

【题目出处】《现场安全督查工作手册》

【答案】正确

【答案解析】现场“安规”考查可采用口头或简单书面方式进行。

36.

【题目出处】《现场安全督查工作手册》

【答案】错误

【答案解析】违章处置原则：督查过程中发现违章，应立即予以制止、纠正，并按照违章处理流程进行处置。对发现严重违章或存在重大安全隐患的现场，督查人员有权责令现场立即停工。

37.

【题目出处】《现场安全督查工作手册》

【答案】错误

【答案解析】督查人员应通过“自行租用或自带车辆、自行安排食宿、提前查寻作业点”的方式，对工作现场开展安全督查工作，不得向被督查单位泄露检查时间和地点，确保督查工作实效。

38.

【题目出处】《现场安全督查工作手册》

【答案】错误

【答案解析】督查人员不得越权指挥现场施工人员作业。

39.

【题目出处】《现场安全督查工作手册》

【答案】正确

【答案解析】电缆检修时，应检查电缆隧道是否有充足的照明，是否有防火、防水、通风措施。

40.

【题目出处】《现场安全督查工作手册》

【答案】正确

【答案解析】起重作业时，应检查遇有 6 级以上大风时，是否开展露天起重工作。

41.

【题目出处】《现场安全督查工作手册》

【答案】错误

【答案解析】防误闭锁时，应检查操作人员和检修人员是否擅自使用解锁工具（钥匙），解锁工具（钥匙）使用后是否及时封存并做好记录。

42.

【题目出处】《现场安全督查工作手册》

【答案】正确

【答案解析】二次回路作业时，应检查开启二次电缆沟盖板后，是否正确设置围栏并有人看守。

43.

【题目出处】《国网设备部关于进一步加强变电站内起重作业安全风险管控的通知》

【答案】正确

【答案解析】起重机进场前，应确保起重指挥、司机和专责监护人等作业人员身体、精神状态良好。

44.

【题目出处】《国网设备部关于进一步加强变电站内起重作业安全风险管控的通知》

【答案】错误

【答案解析】因转场需要临时移动安全围栏的，起重机司机必须提前告知工作负责人，并征得运维人员同意后方可移动，且移动后立即恢复。

45.

【题目出处】《国网设备部关于进一步加强变电站内起重作业安全风险管控

的通知》

【答案】正确

【答案解析】起重机作业前需进行一次常规性检查，确保车辆状态良好，检查记录作为资质审查必要条件。

46.

【题目出处】《国网设备部关于进一步加强变电站内起重作业安全风险管控的通知》

【答案】正确

【答案解析】起重时只能由一人统一指挥，必要时可设置中间指挥人员传递信号。

47.

【题目出处】《国网设备部关于进一步加强变电站内起重作业安全风险管控的通知》

【答案】正确

【答案解析】起重负荷检查：吊车、吊索具等工作负荷，不准超过铭牌规定。

48.

【题目出处】《国网设备部关于进一步加强变电站内起重作业安全风险管控的通知》

【答案】错误

【答案解析】吊车司机调整支腿时，应检查车身水平器气泡在中心位置，确保整车倾斜角度不超过制造厂规定值。

49.

【题目出处】《国网设备部关于进一步加强变电站内起重作业安全风险管控的通知》

【答案】错误

【答案解析】禁止作业人员利用吊钩来上升或下降，吊物上不许站人，起重臂、吊钩、吊物下方禁止站人。

50.

【题目出处】《国网设备部关于进一步加强变电站内起重作业安全风险管控的通知》

【答案】正确

【答案解析】吊车车辆转移过程中应收起吊臂，严禁吊臂伸开时转移。

51.

【题目出处】《国网设备部关于进一步加强变电站内起重作业安全风险管控的通知》

【答案】错误

【答案解析】禁止带电安全距离不足时强令冒险作业。

52.

【题目出处】《国网设备部关于进一步加强变电站内起重作业安全风险管控的通知》

【答案】错误

【答案解析】变电站起重作业时，禁止吊车用吊篮、吊带吊人或吊物上站人。

53.

【题目出处】《国网设备部关于进一步加强变电站内起重作业安全风险管控的通知》

【答案】错误

【答案解析】变电站起重作业时，禁止吊挂重物直接进行加工。

54.

【题目出处】《国家电网公司电力安全工器具管理规定》的通知（国家电网企管〔2014〕748 号）

【答案】正确

【答案解析】在进行车、铣、刨及用砂轮磨工件时，应戴防打击防护眼镜等。

55.

【题目出处】《国家电网公司电力安全工器具管理规定》的通知（国家电网企管〔2014〕748 号）

【答案】错误

【答案解析】禁止将安全带系在移动或不牢固的物件上［如隔离开关（刀闸）支持绝缘子、瓷横担、未经固定的转动横担、线路支柱绝缘子、避雷器支柱绝缘子等］。

56.

【题目出处】《国家电网公司电力安全工器具管理规定》的通知（国家电网企管〔2014〕748号）

【答案】错误

【答案解析】安全绳应是整根，不应私自接长使用。

57.

【题目出处】《国家电网公司电力安全工器具管理规定》的通知（国家电网企管〔2014〕748号）

【答案】正确

【答案解析】不应多人同时使用同一个连接器作为连接或悬挂点。

58.

【题目出处】《国家电网公司电力安全工器具管理规定》的通知（国家电网企管〔2014〕748号）

【答案】错误

【答案解析】使用连接器时，受力点不应在连接器的活门位置。

59.

【题目出处】《国家电网公司电力安全工器具管理规定》的通知（国家电网企管〔2014〕748号）

【答案】正确

【答案解析】速差自控器的安全识别保险装置－坠落指示器（如有）应未动作。

60.

【题目出处】《国家电网公司电力安全工作规程（变电部分）》

【答案】正确

【答案解析】6.3.5 填用事故紧急抢修单的工作为：事故紧急抢修应填用工作票，或事故紧急抢修单。非连续进行的事故修复工作，应使用工作票。

61.

【题目出处】《国家电网公司电力安全工作规程（变电部分）》

【答案】正确

【答案解析】6.3.6 运维人员实施不需高压设备停电或做安全措施的变电运维一体化业务项目时，可不使用工作票，但应以书面形式记录相应的操作和工作等内容。各单位应明确发布所实施的变电运维一体化业务项目及所采取的书面记录形式。

62.

【题目出处】《国家电网公司电力安全工作规程（变电部分）》

【答案】正确

【答案解析】6.3.7.1 工作票应使用黑色或蓝色的钢（水）笔或圆珠笔填写与签发，一式两份，内容应正确，填写应清楚，不得任意涂改。如有个别错、漏字需要修改，应使用规范的符号，字迹应清楚。

63.

【题目出处】《国家电网公司电力安全工作规程（变电部分）》

【答案】正确

【答案解析】6.3.7.6 承发包工程中，工作票可实行“双签发”形式。签发工作票时，双方工作票签发人在工作票上分别签名，各自承担本部分工作票签发人相应的安全责任。

64.

【题目出处】《国家电网公司电力安全工作规程（变电部分）》

【答案】正确

【答案解析】6.3.7.7 第一种工作票所列工作地点超过两个，或有两个及以上不同的工作单位（班组）在一起工作时，可采用总工作票和分工作票。总、分工作票应由同一个工作票签发人签发。总工作票上所列的安全措施应包括所有分工作票上所列的安全措施。几个班同时进行工作时，总工作票的工作班成员栏内，只填明各分工作票的负责人，不必填写全部工作班人员姓名。分工作票上要填写工作班人员姓名。总、分工作票在格式上与第一种工作票一致。分工作票应一式两份，由总工作票负责人和分工作票负责人分别收执。分工作票的许可和终结，由分工作票负责人与总工作票负责人办理。分工作票应在总工作票许可后才可许可；总工作票应在所有分工作票终结后才可终结。

65.

【题目出处】《国家电网公司电力安全工作规程（变电部分）》

【答案】错误

【答案解析】6.3.7.7 第一种工作票所列工作地点超过两个，或有两个及以上不同的工作单位（班组）在一起工作时，可采用总工作票和分工作票。总、分工作票应由同一个工作票签发人签发。总工作票上所列的安全措施应包括所有分工作票上所列的安全措施。几个班同时进行工作时，总工作票的工作班成员栏内，只填明各分工作票的负责人，不必填写全部工作班人员姓名。分工作票上要填写工作班人员姓名。总、分工作票在格式上与第一种工作票一致。分工作票应一式两份，由总工作票负责人和分工作票负责人分别收执。分工作票的许可和终结，由分工作票负责人与总工作票负责人办理。分工作票应在总工作票许可后才可许可；总工作票应在所有分工作票终结后才可终结。

66.

【题目出处】《国家电网公司电力安全工作规程（变电部分）》

【答案】错误

【答案解析】6.3.8.1 一个工作负责人不能同时执行多张工作票，工作票上所列的工作地点，以一个电气连接部分为限。

a）所谓一个电气连接部分是指：电气装置中，可以用隔离开关（刀闸）同其他电气装置分开的部分。

b）直流双极停用，换流变压器及所有高压直流设备均可视为一个电气连接部分。

c）直流单极运行，停用极的换流变压器、阀厅、直流场设备、水冷系统可视为一个电气连接部分。双极公共区域为运行设备。

67.

【题目出处】《国家电网公司电力安全工作规程（变电部分）》

【答案】错误

【答案解析】6.3.8.1 一个工作负责人不能同时执行多张工作票，工作票上所列的工作地点，以一个电气连接部分为限。

a）所谓一个电气连接部分是指：电气装置中，可以用隔离开关（刀闸）同其他电气装置分开的部分。

b）直流双极停用，换流变压器及所有高压直流设备均可视为一个电气连接部分。

c）直流单极运行，停用极的换流变压器、阀厅、直流场设备、水冷系统可视为一个电气连接部分。双极公共区域为运行设备。

68.

【题目出处】《国家电网公司电力安全工作规程（变电部分）》

【答案】 正确

【答案解析】 6.3.8.3 若以下设备同时停、送电，可使用同一张工作票：

a）属于同一电压等级、位于同一平面场所，工作中不会触及带电导体的几个电气连接部分。

b）一台变压器停电检修，其断路器（开关）也配合检修。

c）全站停电。

69.

【题目出处】《国家电网公司电力安全工作规程（变电部分）》

【答案】 错误

【答案解析】 6.3.8.3 若以下设备同时停、送电，可使用同一张工作票：

a）属于同一电压等级、位于同一平面场所，工作中不会触及带电导体的几个电气连接部分。

b）一台变压器停电检修，其断路器（开关）也配合检修。

c）全站停电。

70.

【题目出处】《国家电网公司电力安全工作规程（变电部分）》

【答案】 正确

【答案解析】 6.3.8.5 在同一变电站内，依次进行的同一类型的带电作业可以使用一张带电作业工作票。

71.

【题目出处】《国家电网公司电力安全工作规程（变电部分）》

【答案】 错误

【答案解析】 6.3.8.10 第一种工作票应在工作前一日送达运维人员，可直接送达或通过传真、局域网传送，但传真传送的工作票许可应待正式工作票到达后履行。临时工作可在工作开始前直接交给工作许可人。第二种工作票和带电作业工作票可在进行工作的当天预先交给工作许可人。

72.

【题目出处】《国家电网公司电力安全工作规程（变电部分）》

【答案】 错误

【答案解析】 6.3.8.10 第一种工作票应在工作前一日送达运维人员，可直接送达或通过传真、局域网传送，但传真传送的工作票许可应待正式工作票到达后履行。临时工作可在工作开始前直接交给工作许可人。第二种工作票和带电作业工作票可在进行工作的当天预先交给工作许可人。

73.

【题目出处】《国家电网公司电力安全工作规程（变电部分）》

【答案】正确

【答案解析】6.3.10.3 工作许可人应是经工区批准的有一定工作经验的运维人员或检修操作人员（进行该工作任务操作及做安全措施的人员）；用户变、配电站的工作许可人应是持有效证书的高压电气工作人员。

74.

【题目出处】《国家电网公司电力安全工作规程（变电部分）》

【答案】正确

【答案解析】6.3.10.4 专责监护人应是具有相关工作经验，熟悉设备情况和本规程的人员。

75.

【题目出处】《国家电网公司电力安全工作规程（变电部分）》

【答案】错误

【答案解析】6.5.3 工作负责人、专责监护人应始终在工作现场。工作票签发人或工作负责人，应根据现场的安全条件、施工范围、工作需要等具体情况，增设专责监护人和确定被监护的人员。专责监护人不得兼做其他工作。专责监护人临时离开时，应通知被监护人员停止工作或离开工作现场，待专责监护人回来后方可恢复工作。若专责监护人必须长时间离开工作现场时，应由工作负责人变更专责监护人，履行变更手续，并告知全体被监护人员。

76.

【题目出处】《国家电网公司电力安全工作规程（变电部分）》

【答案】错误

【答案解析】6.5.4 工作期间，工作负责人若因故暂时离开工作现场时，应指定能胜任的人员临时代替，离开前应将工作现场交代清楚，并告知工作班成员。原工作负责人返回工作现场时，也应履行同样的交接手续。若工作负责人必须长时间离开工作现场时，应由原工作票签发人变更工作负责人，履行变更手续，并告知全体作业人员及工作许可人。原、现工作负责人应做好必要的交接。

77.

【题目出处】《国家电网公司电力安全工作规程（变电部分）》

【答案】正确

【答案解析】6.6.6 只有在同一停电系统的所有工作票都已终结，并得到值班调控人员或运维负责人的许可指令后，方可合闸送电。

78.

【题目出处】《国家电网公司电力安全工作规程（变电部分）》

【答案】正确

【答案解析】7.2.2 检修设备停电，应把各方面的电源完全断开（任何运行中的星形接线设备的中性点，应视为带电设备）。禁止在只经断路器（开关）断开电源或只经换流器闭锁隔离电源的设备上工作。应拉开隔离开关（刀闸），手车开关应拉至试验或检修位置，应使各方面有一个明显的断开点，若无法观察到停电设备的断开点，应有能够反映设备运行状态的电气和机械等指示。与停电设备有关的变压器和电压互感器，应将设备各侧断开，防止向停电检修设备反送电。

79.

【题目出处】《国家电网公司电力安全工作规程（变电部分）》

【答案】错误

【答案解析】7.2.4 对难以做到与电源完全断开的检修设备，可以拆除设备与电源之间的电气连接。

80.

【题目出处】《国家电网公司电力安全工作规程（变电部分）》

【答案】正确

【答案解析】7.3.4 表示设备断开和允许进入间隔的信号、经常接入的电压表等，如果指示有电，在排除异常情况前，禁止在设备上工作。

81.

【题目出处】《国家电网公司电力安全工器具管理规定》的通知（国家电网企管〔2014〕748 号）

【答案】错误

【答案解析】耐酸服是适用于从事接触和配制酸类物质作业人员穿戴的具有防酸性能的工作服。

82.

【题目出处】《国家电网公司电力安全工器具管理规定》的通知（国家电网企管〔2014〕748 号）

【答案】错误

【答案解析】防火服是消防员及高温作业人员近火作业时穿着的防护服装，用来对其上下躯干、头部、手部和脚部进行隔热防护。

83.

【题目出处】《国家电网公司电力安全工器具管理规定》的通知（国家电网企管〔2014〕748 号）

【答案】错误

【答案解析】绝缘隔板又称绝缘挡板，一般应具有很高的绝缘性能，它可与 35kV 及以下的带电部分直接接触，起临时遮栏作用。

84.

【题目出处】《国家电网公司电力安全工器具管理规定》的通知（国家电网企管〔2014〕748 号）

【答案】正确

【答案解析】绝缘服装是由绝缘材料制成，用于防止作业人员带电作业时身体触电的服装。

85.

【题目出处】《国家电网公司电力安全工器具管理规定》的通知（国家电网企管〔2014〕748 号）

【答案】错误

【答案解析】带电作业用绝缘手套是由绝缘橡胶或绝缘合成材料制成，在带电作业中用于防止工作人员手部触电的手套。

86.

【题目出处】《国家电网公司电力安全工器具管理规定》的通知（国家电网企管〔2014〕748 号）

【答案】正确

【答案解析】绝缘托瓶架是用绝缘管或棒组成，用于对绝缘子串进行操作的装置。

87.

【题目出处】《国家电网公司电力安全工器具管理规定》的通知（国家电网企管〔2014〕748号）

【答案】错误

【答案解析】静辅助型绝缘靴（鞋）是由特种橡胶制成的、用于人体与地面辅助绝缘的靴（鞋）子。

88.

【题目出处】《国家电网公司电力安全工器具管理规定》的通知（国家电网企管〔2014〕748号）

【答案】错误

【答案解析】脚扣是用钢或合金材料制作的攀登电杆的工具。

89.

【题目出处】《国家电网公司电力安全工器具管理规定》的通知（国家电网企管〔2014〕748号）

【答案】错误

【答案解析】纤维类安全工器具纤维类安全工器具应放在干燥、通风、避免阳光直晒、无腐蚀及有害物质的位置，并与热源保持1m以上的距离。

90.

【题目出处】《国家电网公司电力安全工器具管理规定》的通知（国家电网企管〔2014〕748号）

【答案】错误

【答案解析】静电防护服装应保持清洁，保持防静电性能，使用后用软毛刷、软布蘸中性洗涤剂刷洗，不可损伤服料纤维。

91.

【题目出处】《国家电网公司电力安全工器具管理规定》的通知（国家电网企管〔2014〕748号）

【答案】错误

【答案解析】绝缘垫（毯）应贮存在专用箱内，对潮湿的绝缘垫（毯）应进行干燥处理，但干燥处理的温度不能超过65℃。

92.

【题目出处】《国家电网公司电力安全工器具管理规定》的通知（国家电网

企管〔2014〕748 号）

【答案】正确

【答案解析】使用梯子时，梯子与地面的夹角应为 60° 左右，工作人员必须在距梯顶 1m 以下的梯蹬上工作。

93.

【题目出处】《现场安全督查工作手册》

【答案】正确

【答案解析】现场安全督查计划按照“周计划、日安排”原则执行。

94.

【题目出处】《现场安全督查工作手册》

【答案】正确

【答案解析】管住现场检查内容包括应检查作业人员安全帽、工作服、绝缘鞋等是否合格、正确佩戴。

95.

【题目出处】《现场安全督查工作手册》

【答案】错误

【答案解析】起重作业时，应检查吊车、起重机械等，是否装设接地线，其截面积是否大于 $16mm^2$。

96.

【题目出处】《现场安全督查工作手册》

【答案】错误

【答案解析】查晶闸管试验时，与试验带电体距离是否大于 0.7m。

97.

【题目出处】《现场安全督查工作手册》

【答案】错误

【答案解析】变电器安装时，应检查变压器底部距离地面的高度是否大于 2.5m。

98.

【题目出处】《现场安全督查工作手册》

【答案】正确

【答案解析】索道运输时，应检查索道支架是否稳固，支架拉线对地夹角是否超过45°。

99.

【题目出处】《现场安全督查工作手册》

【答案】错误

【答案解析】用电管理中，应检查室外220V灯具距地面是否大于3m，室内220V灯具距地面是否大于2.5m。

100.

【题目出处】《现场安全督查工作手册》

【答案】错误

【答案解析】高处作业时，应检查使用单梯时梯面应与水平面是否成75°。

（四）填空题（共80道）

1.

【题目出处】《国家电网有限公司作业安全风险管控工作规定（草案）》

【答案】触电伤害；高空坠落；物体打击；机械伤害；中毒窒息

【答案解析】作业风险是在生产施工作业过程中，有可能导致人身伤害事故的因素，涉及触电伤害、高空坠落、物体打击、机械伤害、中毒窒息等。

2.

【题目出处】《国家电网有限公司作业安全风险管控工作规定（草案）》

【答案】全面评估、分级管控；全生产风险管控平台

【答案解析】作业安全风险管控遵循“全面评估、分级管控”的工作原则，并依托安全生产风险管控平台实施全过程管理。

3.

【题目出处】《国家电网有限公司作业安全风险管控工作规定（草案）》

【答案】作业类型；作业内容

【答案解析】作业任务确定后，各单位应根据作业类型、作业内容，规范组织开展现场勘察、危险因素识别等工作。

4.

【题目出处】《国家电网有限公司作业安全风险管控工作规定（草案）》

【答案】工作负责人；工作票签发人；**设备运维管理单位；作业单位相关人员**

【答案解析】对需要现场勘察的典型作业项目，一般应由工作负责人或工作票签发人组织，设备运维管理单位和作业单位相关人员参加。

5.

【题目出处】《国家电网有限公司作业安全风险管控工作规定（草案）》

【答案】**地市级单位分管领导；建设管理单位专业管理部门**

【答案解析】二级风险作业，风险管控措施应由地市级单位分管领导组织审核；工程施工作业由建设管理单位专业管理部门组织审核。

6.

【题目出处】《国家电网有限公司作业安全风险管控工作规定（草案）》

【答案】**专业管理**

【答案解析】各单位应围绕作业计划，以专业管理为核心，依托各级各类专业工作和安全例会，分层分级构建作业风险分析预控和监督工作机制，强化作业组织管理，规范开展作业风险分析辨识、评估定级及管控措施督促执行等工作。

7.

【题目出处】《国家电网有限公司作业安全风险管控工作规定（草案）》

【答案】**工作任务；管控措施；“四清楚”**

【答案解析】各单位、专业、班组应充分利用工作例会、班前会等，逐级组织交代工作任务、作业风险和管控措施，并通过移动作业 App 从上至下将“四清楚”（作业任务清楚、作业流程清楚、危险点清楚、安全措施清楚）任务传达到岗、到人。

8.

【题目出处】《国家电网有限公司作业安全风险管控工作规定（草案）》

【答案】**工器具；个人安全防护用品**

【答案解析】核实作业必需的工器具和个人安全防护用品，确保合格有效。

9.

【题目出处】《国家电网公司业务外包安全监督管理办法》

【答案】**《国家电网公司业务外包安全监督管理办法》**

【答案解析】为规范国家电网公司（以下简称“公司”）业务外包安全监督管理，加强外包项目安全风险管控，防范各类安全事故（件），依据国家有关法律法规和《国家电网公司安全工作规定》［国网（安监/2）406—2014］等制度，制定本办法。

10.

【题目出处】《国家电网公司业务外包安全监督管理办法》

【答案】建设工程施工；供电企业

【答案解析】《国家电网公司业务外包安全监督管理办法》所称业务外包是指公司各级单位作为甲方（以下称发包单位）与乙方（公司系统外单位、公司各级集体企业，以下称承包单位）签订合同，将建设（技改）工程施工、供电企业业务（以下统称外包项目）发包给承包单位的活动。

11.

【题目出处】《国家电网公司业务外包安全监督管理办法》

【答案】安全第一、预防为主、综合治理；谁主管、谁负责，管业务必须管安全

【答案解析】公司业务外包安全工作坚持“安全第一、预防为主、综合治理”的方针，按照“谁主管、谁负责，管业务必须管安全”原则，建立承发包单位各负其责、业务部门管理、安质部门监督的综合管理机制。

12.

【题目出处】《国家电网公司业务外包安全监督管理办法》

【答案】业务外包安全监督

【答案解析】安质部门：负责落实公司业务外包安全监督管理办法；开展业务外包安全监督检查；管理本单位范围内承包单位安全资信、“黑名单”和“负面清单”；应用公司外包安全资信系统。

13.

【题目出处】《国家电网公司业务外包安全监督管理办法》

【答案】法律事务职能管理部门

【答案解析】法律事务职能管理部门：负责“黑名单”和“负面清单”管理合法合规性审核。

14.

【题目出处】《国家电网公司业务外包安全监督管理办法》

【答案】各单位、各级业务

【答案解析】地市公司级以上单位安质部门负责受理承包单位安全资信报备资料，审核验证后存档并录入公司外包安全资信系统，省公司级单位安质部门复核，供公司各单位、各级业务部门共享。

15.

【题目出处】《国家电网公司业务外包安全监督管理办法》

【答案】分别进行

【答案解析】承包单位在不同省公司级单位范围内开展业务，应分别进行报备。承包单位在各个省公司级单位范围内首次报备应填写报备申请表。

16.

【题目出处】《国家电网公司业务外包安全监督管理办法》

【答案】工器具；安全用具及安全防护设施

【答案解析】包单位应对外包项目的承包单位明确提出安全资信要求和安全条件，并进行审查。包括但不限于以下内容：（四）施工机械、工器具、安全用具及安全防护设施是否满足安全作业要求。

17.

【题目出处】《国家电网公司业务外包安全监督管理办法》

【答案】承包合同；安全协议

【答案解析】外包项目确定承包单位后，发包单位应与承包单位依法签订承包合同及安全协议，安全协议作为承包合同的附件，随承包合同同步履行。

18.

【题目出处】《国家电网公司业务外包安全监督管理办法》

【答案】承包合同；安全协议

【答案解析】承包合同和安全协议的格式、内容应符合国家及公司的相关要求，统一规范。

19.

【题目出处】《国网安监部关于印发《现场安全督查工作手册》的通知》（安监二〔2021〕8号）

【答案】现场督查；问询

【答案解析】查检修或施工作业负责人是否掌握本班组人员、作业计划、现场各作业点的作业情况：现场督查、问询。

20.

【题目出处】《国网安监部关于印发《现场安全督查工作手册》的通知》（安

监二〔2021〕8号）

【答案】现场督查；问询

【答案解析】查方法查现场工作人员对工作任务、风险点及防范措施等内容是否掌握：现场督查、问询。

21.

【题目出处】《国家电网公司业务外包安全监督管理办法》

【答案】法律事务部门

【答案解析】省公司级单位职责：法律事务部门：负责本单位“黑名单”“负面清单”管理合法合规性审核。

22.

【题目出处】《国家电网公司业务外包安全监督管理办法》

【答案】检查；评价；考核

【答案解析】地市（县）公司级单位职责：其他专业部门：具体开展本专业业务外包安全工作的检查、评价和考核。

23.

【题目出处】《国家电网公司业务外包安全监督管理办法》

【答案】安质部门

【答案解析】省公司级单位职责：其他专业部门：协同安质部门管理本单位范围内承包单位安全资信、“黑名单”和“负面清单”。

24.

【题目出处】《国家电网公司业务外包安全监督管理办法》

【答案】报备申请表

【答案解析】承包单位在各个省公司级单位范围内首次报备应填写报备申请表。

25.

【题目出处】《国家电网公司业务外包安全监督管理办法》

【答案】兼职安全员

【答案解析】施工作业队伍超过 30 人的应配有专职安全员，30 人以下的应设有兼职安全员。

26.

【题目出处】《国家电网公司业务外包安全监督管理办法》

【答案】自行完成劳务作业

【答案解析】劳务外包或劳务分包的承包合同，应明确承包单位需自行完成劳务作业，承包单位不得再次外包。

27.

【题目出处】《国家电网公司业务外包安全监督管理办法》

【答案】承包合同；安全协议

【答案解析】进场施工作业前，发包单位应依据承包合同及安全协议，对承包单位进场人员及相关设备进行核查，不满足承包合同及安全协议有关条款规定的，不得允许进场。

28.

【题目出处】《国家电网公司业务外包安全监督管理办法》

【答案】危险性大；专业性强

【答案解析】采取劳务外包或劳务分包的项目，劳务人员不得独立承担危险性大、专业性强的施工作业，必须在发包方有经验人员的带领和监护下进行。

29.

【题目出处】《国网 89 号文－到岗到位分级表》

【答案】换流站

【答案解析】直流现场到岗到位分级表：Ⅳ级检修：换流站组织开展到岗到位，超高压公司（直流公司）设备管理部门管理人员应到岗到位。

30.

【题目出处】《国网 89 号文－到岗到位分级表》

【答案】市公司分管领导或专业管理部门负责人；专家组

【答案解析】三、输电现场到岗到位分级表：500kV 及以上线路Ⅰ级作业风险检修：市公司分管领导或专业管理部门负责人应到岗到位，省公司设备部相关人员应到岗到位或组织专家组开展现场督察，国网公司设备部相关人员必要时应到岗到位或组织专家组开展现场督察。

31.

【题目出处】《国家电网有限公司现场安全督查工作规范》

【答案】清退出安全督查队伍

【答案解析】各级安全督查人员应严格遵守廉政纪律，各单位应设立举报电话、邮箱，发现违反廉政纪律的，一律清退出安全督查队伍。

32.

【题目出处】《国家电网公司电力安全工器具管理规定》的通知（国家电网企管〔2014〕748 号）

【答案】临时接地

【答案解析】携带型短路接地线是用于防止设备、线路突然来电，消除感应电压，放尽剩余电荷的临时接地装置。

33.

【题目出处】《国家电网公司电力安全工器具管理规定》的通知（国家电网企管〔2014〕748 号）

【答案】测高杆；绝缘支拉吊线杆

【答案解析】绝缘杆是由绝缘材料制成，用于短时间对带电设备进行操作或测量的杆类绝缘工具，包括绝缘操作杆、测高杆、绝缘支拉吊线杆等。

34.

【题目出处】《国家电网公司电力安全工器具管理规定》的通知（国家电网企管〔2014〕748 号）

【答案】梯子；快装脚手架

【答案解析】登高工器具是用于登高作业、临时性高处作业的工具，包括脚登高板）、梯子、快装脚手架及检修平台等。

35.

【题目出处】《国家电网公司电力安全工器具管理规定》的通知（国家电网企管〔2014〕748 号）

【答案】复合材料

【答案解析】梯子是包含有踏档或踏板，可供人上下的装置，一般分为竹合金及复合材料梯。

36.

【题目出处】《国家电网公司电力安全工器具管理规定》的通知（国家电网企管〔2014〕748 号）

【答案】升降型

【答案解析】检修平台按功能分为拆卸型和升降型。

37.

【题目出处】《国家电网公司电力安全工器具管理规定》的通知（国家电网企管〔2014〕748号）

【答案】绝缘漆

【答案解析】绝缘隔板应统一编号，存放在室内干燥通风、离地面200mm以上专用的工具架上或柜内。如果表面有轻度擦伤，应涂绝缘漆处理。

38.

【题目出处】《国家电网公司电力安全工器具管理规定》的通知（国家电网企管〔2014〕748号）

【答案】机油

【答案解析】钢绳索速差式防坠器，如钢丝绳浸过泥水等，应使用涂有少量机油的棉布对钢丝绳进行擦洗，以防锈蚀。

39.

【题目出处】《国家电网公司电力安全工器具管理规定》的通知（国家电网企管〔2014〕748号）

【答案】油类；有机溶剂

【答案解析】耐酸靴穿用后，应立即用水冲洗，存放阴凉处，撒滑石粉，以防粘连，应避免接触油类、有机溶剂和锐利物

40.

【题目出处】《国家电网公司电力安全工器具管理规定》的通知（国家电网企管〔2014〕748号）

【答案】防滑功能

【答案解析】梯检修平台供操作人员站立、攀登的所有作业面应具有防滑功能。

41.

【题目出处】《国家电网公司电力安全工器具管理规定》的通知（国家电网企管〔2014〕748号）

【答案】平滑；划痕；裂缝

【答案解析】检查辅助型绝缘手套时，应检查质地柔软良好，内外表面均应平滑、完好无损，无划痕、裂缝、折缝和孔洞。

42.

【题目出处】《国家电网公司电力安全工器具管理规定》的通知（国家电网

企管〔2014〕748 号）

【答案】卷曲法；充气法

【答案解析】检查辅助型绝缘手套时，应采取卷曲法或充气法进行检查。

43.

【题目出处】《国家电网公司电力安全工器具管理规定》的通知（国家电网企管〔2014〕748 号）

【答案】活门

【答案解析】使用连接器时，受力点不应在连接器的活门位置。

44.

【题目出处】《国家电网公司电力安全工器具管理规定》的通知（国家电网企管〔2014〕748 号）

【答案】同时

【答案解析】不应多人同时使用同一个连接器作为连接或悬挂点。

45.

【题目出处】《国家电网公司电力安全工器具管理规定》的通知（国家电网企管〔2014〕748 号）

【答案】整根

【答案解析】安全绳应是整根，不应私自接长使用。

46.

【题目出处】《国家电网公司电力安全工器具管理规定》的通知（国家电网企管〔2014〕748 号）

【答案】移动或不牢固

【答案解析】禁止将安全带系在移动或不牢固的物件上［如隔离开关（刀闸）支持绝缘子、瓷横担、未经固定的转动横担、线路支柱绝缘子、避雷器支柱绝缘子等］。

47.

【题目出处】《国家电网公司电力安全工器具管理规定》的通知（国家电网企管〔2014〕748 号）

【答案】防打击

【答案解析】在进行车、铣、刨及用砂轮磨工件时，应戴防打击防护眼镜等。

48.

【题目出处】《国网设备部关于进一步加强变电站内起重作业安全风险管控的通知》

【答案】作业人员

【答案解析】起重机进场前，应确保起重指挥、司机和专责监护人等作业人员身体、精神状态良好。

49.

【题目出处】《国网设备部关于进一步加强变电站内起重作业安全风险管控的通知》

【答案】转场需要

【答案解析】因转场需要临时移动安全围栏的，起重机司机必须提前告知工作负责人，并征得运维人员同意后方可移动，且移动后立即恢复。

50.

【题目出处】《国网设备部关于进一步加强变电站内起重作业安全风险管控的通知》

【答案】常规性检查

【答案解析】起重机作业前需进行一次常规性检查，确保车辆状态良好，检查记录作为资质审查必要条件。

51.

【题目出处】《国网设备部关于进一步加强变电站内起重作业安全风险管控的通知》

【答案】中间指挥人员

【答案解析】起重时只能由一人统一指挥，必要时可设置中间指挥人员传递信号。

52.

【题目出处】《国网设备部关于进一步加强变电站内起重作业安全风险管控的通知》

【答案】工作负荷

【答案解析】起重负荷检查：吊车、吊索具等工作负荷，不准超过铭牌规定。

53.

【题目出处】《国网设备部关于进一步加强变电站内起重作业安全风险管控

的通知》

【答案】水平器气泡

【答案解析】吊车司机调整支腿时，应检查车身水平器气泡在中心位置，确保整车倾斜角度不超过制造厂规定值。

54.

【题目出处】《国网设备部关于进一步加强变电站内起重作业安全风险管控的通知》

【答案】吊钩

【答案解析】禁止作业人员利用吊钩来上升或下降，吊物上不许站人，起重臂、吊钩、吊物下方禁止站人。

55.

【题目出处】《国网设备部关于进一步加强变电站内起重作业安全风险管控的通知》

【答案】伸开时

【答案解析】吊车车辆转移过程中应收起吊臂，严禁吊臂伸开时转移。

56.

【题目出处】《国网设备部关于进一步加强变电站内起重作业安全风险管控的通知》

【答案】安全距离

【答案解析】禁止带电安全距离不足时强令冒险作业。

57.

【题目出处】《国网设备部关于进一步加强变电站内起重作业安全风险管控的通知》

【答案】吊物上站人

【答案解析】变电站起重作业时，禁止吊车用吊篮、吊带吊人或吊物上站人。

58.

【题目出处】《国网设备部关于进一步加强变电站内起重作业安全风险管控的通知》

【答案】吊挂重物

【答案解析】变电站起重作业时，禁止吊挂重物直接进行加工。

59.

【题目出处】《国家电网有限公司作业安全风险管控工作规定（草案）》

【答案】作业计划管控

【答案解析】生产作业、营销作业、输变电工程、配（农）网建设、迁改工程施工、信息通信作业，以及送变电公司和省管产业单位承揽的外部建设项目施工均应纳入作业计划管控，严禁无计划作业。

60.

【题目出处】《国家电网有限公司作业安全风险管控工作规定（草案）》

【答案】刚性管理

【答案解析】作业计划实行刚性管理，禁止随意更改和增减作业计划，确属特殊情况需追加或者变更作业计划，应按专业要求履行审批手续后方可实施。

61.

【题目出处】《国家电网有限公司作业安全风险管控工作规定（草案）》

【答案】典型生产作业风险定级库

【答案解析】生产作业、配（农）网工程施工作业、营销作业参照典型生产作业风险定级库进行风险定级。

62.

【题目出处】《国家电网有限公司作业安全风险管控工作规定（草案）》

【答案】地市级单位专业管理部门

【答案解析】三级风险作业，风险管控措施应由地市级单位专业管理部门组织审核；工程施工作业由业主项目部审核。

63.

【题目出处】《国家电网有限公司作业安全风险管控工作规定（草案）》

【答案】持证上岗

【答案解析】核实作业人员是否具备安全准入资格、特种作业人员是否持证上岗、特种设备是否检测合格。

64.

【题目出处】《国家电网有限公司作业安全风险管控工作规定（草案）》

【答案】视频监控终端

【答案解析】按要求装设视频监控终端等设备，并通过移动作业App与作业计划关联。

65.

【题目出处】《国家电网有限公司作业安全风险管控工作规定（草案）》

【答案】《国家电网有限公司输变电工程建设安全管理规定》

【答案解析】输变电工程到岗到位要求按照《国家电网有限公司输变电工程建设安全管理规定》执行。

66.

【题目出处】《国家电网有限公司作业安全风险管控工作规定（草案）》

【答案】二级风险作业现场

【答案解析】省公司级单位应对所辖范围内的二级风险作业现场开展全覆盖督查。

67.

【题目出处】《国家电网有限公司作业安全风险管控工作规定（草案）》

【答案】全覆盖督查

【答案解析】地市公司级单位应对所辖范围内的三级及以上风险作业现场开展全覆盖督查。

68.

【题目出处】《国家电网有限公司作业安全风险管控工作规定（草案）》

【答案】作业风险失控

【答案解析】对不严格执行本规定要求导致作业风险失控引发安全事故（事件）的，严格按照国家有关法律法规和公司事故（件）调查处理有关规定执行。公司将依据安全奖惩有关规章制度，严肃追究相关责任单位和人员责任。

69.

【题目出处】《国家电网有限公司作业安全风险管控工作规定（草案）》

【答案】评估定级、管控措施

【答案解析】省公司级单位每周由副总师及以上负责同志主持、安监部门牵头召开督查会议，对本单位作业风险管控情况，各专业二级及以上作业风险评估定级、管控措施制定等进行督查。

70.

【题目出处】《国家电网公司业务外包安全监督管理办法》

【答案】检查、评价和考核

【答案解析】其他专业部门：负责本专业业务外包安全管理；组织开展本专业业务外包安全工作的检查、评价和考核；指导各省级单位开展业务外包安全管理工作；协同国网安质部管理本专业职责范围内的承包单位安全资信和“黑名单”。

71.

【题目出处】《国家电网公司业务外包安全监督管理办法》

【答案】安全资信报备

【答案解析】物资部门：负责将承包单位安全资信报备纳入本单位采购工作统筹管理，落实“黑名单”和“负面清单”管理相关要求。

72.

【题目出处】《国家电网公司业务外包安全监督管理办法》

【答案】合法合规性

【答案解析】法律事务部门：负责本单位“黑名单”“负面清单”管理合法合规性审核。

73.

【题目出处】《国家电网公司业务外包安全监督管理办法》

【答案】招标文件和评标标准

【答案解析】各级物资管理部门在外包项目采购中，应将承包单位安全资信报备情况纳入招标文件和评标标准进行管控。

74.

【题目出处】《国家电网公司业务外包安全监督管理办法》

【答案】安全培训记录

【答案解析】发包单位应对外包项目的承包单位明确提出安全资信要求和安全条件，并进行审查。包括但不限于以下内容：企业负责人、项目负责人、专职安全生产管理人员是否持有国家有关部门规定的有效安全证件，作业人员是否有安全培训记录，人员素质是否符合要求。

75.

【题目出处】《国家电网公司业务外包安全监督管理办法》

【答案】安全责任和评价考核

【答案解析】安全协议中应具体规定发包单位和承包单位各自应承担的安

全责任和评价考核条款，由发包单位安质部门审查。

76.

【题目出处】《国家电网公司业务外包安全监督管理办法》

【答案】主体工程

【答案解析】建设工程施工类外包的承包合同，应明确承包单位需自行完成的主体工程或关键性工作，禁止承包单位将主体工程或关键性工作违规分包。

77.

【题目出处】《国家电网公司业务外包安全监督管理办法》

【答案】非法人单位

【答案解析】承包合同及安全协议必须由发包单位与承包单位双方法定代表人或其授权委托人（提供授权委托书）签订。严禁与非法人单位、不能有效代表承包单位的人员签订承包合同。严禁与个人签订承包合同。

78.

【题目出处】《国家电网公司业务外包安全监督管理办法》

【答案】提前实施外包项目

【答案解析】承包合同和安全协议书面签订完成前，严禁承包单位提前实施外包项目（含辅助性工作）。

79.

【题目出处】《国家电网公司业务外包安全监督管理办法》

【答案】压缩外包项目工期

【答案解析】发包单位不得随意压缩外包项目工期。如工期确需调整，应当对安全影响进行论证和评估。论证和评估应当提出相应的组织措施和安全保障措施。

80.

【题目出处】《国网 89 号文 – 到岗到位分级表》

【答案】超高压公司分管领导

【答案解析】一、变电现场到岗到位分级表Ⅰ级检修：省公司分管领导或设备部负责人，超高压公司分管领导、设备管理部门负责人应到岗到位。

三、“四个管住”高阶题库答案

（一）单选题（共120道）

1.

【题目出处】《变电现场作业风险管控实施细则》

【答案】A

【答案解析】勘察记录：现场勘察完成后，应采用文字、图片或影像等方式规范填写勘察记录，明确停电范围、保留带电设备、作业现场环境、危险点及预控措施等关键要素，为检修方案编制提供依据。

2.

【题目出处】《变电现场作业风险管控实施细则》

【答案】C

【答案解析】Ⅰ级检修方案由省公司设备部组织编制，检修项目实施前15日完成。

3.

【题目出处】《变电现场作业风险管控实施细则》

【答案】A

【答案解析】Ⅴ级检修方案由班组组织编制，检修项目实施前3日完成。县公司级单位管理人员组织审查，县公司级单位批准。

4.

【题目出处】《变电现场作业风险管控实施细则》

【答案】A

【答案解析】Ⅳ级检修方案由县公司级单位组织编制，检修项目实施前3日完成。县公司级单位负责人组织审查，县公司级单位批准，地市级单位设备管理部门备案。

5.

【题目出处】《变电倒闸现场作业风险管控实施细则》

【答案】D

【答案解析】按倒闸操作任务及范围，分为全站停送电、新设备启动投运、母线停复役、主变或线路旁路代、倒母线、变压器停复役、线路停复役、开关停复役、开关柜停复役、电容器停复役、电抗器停复役、电压互感器停复役、站用电停复役、保护投退等14类操作任务，编制倒闸操作风险基础分级表（详见附录1），用于指导倒闸操作作业风险差异化管控工作。

6.

【题目出处】《直流倒闸现场作业风险管控实施细则》

【答案】A

【答案解析】聚焦倒闸操作实施的时间段和环境因素，针对时间和环境对人精神状态的影响程度，对倒闸操作任务进行风险综合评价。每日00:00至05:00进行倒闸操作，或雷雨、8级及以上大风或冰雪等恶劣天气必须进行倒闸操作时，相应操作风险评级提升一个风险等级。同类作业对应的故障抢修，其风险等级提级。

7.

【题目出处】《国家电网有限公司进一步加强生产现场作业风险管控重点措施》

【答案】D

【答案解析】完善风险防控机制。构建总部、省公司、超高压（地市）公司三级生产管控体系，规范运作超高压公司生产管控中心，因地制宜建设地市公司生产管控中心，开展检修计划执行、风险防控措施落实、现场作业安全保障等常态化监督；全面落实现场“五级五控”，强化现场作业的关键环节管控，形成“点面”结合、“远近”互补的防控机制。

8.

【题目出处】《直流现场作业风险管控实施细则》

【答案】B

【答案解析】业务数字化，建立统一的标准规范，打造面向换流站运检全业务的移动集成应用，贯通业务系统数据，实现班组减负和提质增效。

9.

【题目出处】《直流现场作业风险管控实施细则》

【答案】A

【答案解析】检修计划统筹，协同调度、基建部门落实检修计划“八项统筹”要求，严格执行集中检修，降低作业管控风险，提升检修计划利用率。

10.

【题目出处】《直流现场作业风险管控实施细则》

【答案】C

【答案解析】检修模式优化，按照“化零为整、化整为零、先降后控”原则，统筹开展全停检修、不停检修和陪停检修，降低集中检修风险。

11.

【题目出处】《直流现场作业风险管控实施细则》

【答案】D

【答案解析】关键区域智能巡视，综合应用全自动巡检、图像监控等系统，实现换流变、阀厅区域远程智能巡检系统人工替代，从而降低人员强度和作业风险。

12.

【题目出处】《直流现场作业风险管控实施细则》

【答案】C

【答案解析】离线测试在线替代，在直流现场作业中利用绝缘油在线监测系统、红外测温系统等在线监测系统监测结果，替代部分人工离线作业，降低人工试验频次。

13.

【题目出处】《直流现场作业风险管控实施细则》

【答案】A

【答案解析】故障抢修方案应按照相应风险等级要求组织编审批，抢修工作开始前完成。

14.

【题目出处】《直流现场作业风险管控实施细则》

【答案】C

【答案解析】方案的编制应综合考虑现场作业的复杂程度，综合考虑各类危险点并提出应对措施，包括停电主设备安全防护、作业关键点及施工工序、作业人员种类及交叉管控措施、各施工单位协作沟通机制、临近带电设备隔离措施等。

15.

【题目出处】《直流现场作业风险管控实施细则》

【答案】C

【答案解析】Ⅰ～Ⅲ级检修应包括编制依据、工作内容、组织措施、安全措施、技术措施、物资采购保障措施、进度控制保障措施、检修验收要求等内容。对于多作业面同时开展或涉及重大项目的检修，必要时按作业面或重大项目分别编制专项方案，作为附件与检修方案一起审批。

16.

【题目出处】《直流现场作业风险管控实施细则》

【答案】A

【答案解析】检修方案编写时，应参考《检修工序风险库》将涉及的关键工序及管控措施覆盖全面，并在每日工作安排中重点突出。

17.

【题目出处】《直流现场作业风险管控实施细则》

【答案】C

【答案解析】在直流现场作业中杜绝无方案作业，因停电计划临时变更、设备突发故障或缺陷等原因导致检修内容变化时，应结合实际内容补充完善检修方案，并履行审批流程。作业风险等级提级时，应按照新的作业风险等级履行方案编审批。

18.

【题目出处】《直流现场作业风险管控实施细则》

【答案】D

【答案解析】Ⅴ级检修：换流站管理人员必要时到岗到位。

19.

【题目出处】《直流现场作业风险管控实施细则》

【答案】A

【答案解析】到岗人员应严格遵守安全规章制度，做到到位不越位，严禁到岗人员违章指挥，严禁到岗人员未履行手续参与作业；对到岗到位督导过程中发现的问题和违章现象，应立即责令整改；对危及人身危及电网安全的严重违章行为，责令其停工整改，直至整改完毕方可恢复工作。

20.

【题目出处】《直流现场作业风险管控实施细则》

【答案】B

【答案解析】换流站检修工作现场督导由国网直流中心按照国网设备部安排实施。采取大型技改项目和隐患治理项目全部检查、常规项目随机抽查、关键工艺管控随机考问等方式细致开展督导工作，深入了解隐患治理实施情况和设备工艺质量管控情况，及时提出改进建议。

21.

【题目出处】《直流现场作业风险管控实施细则》

【答案】B

【答案解析】检修人员应严格持卡标准作业，加强工序执行过程和检修试验数据的记录，确保检修范围内的设备“应修必修”。

22.

【题目出处】《直流现场作业风险管控实施细则》

【答案】B

【答案解析】落实“双准入”要求，加强外包人员入场核查，严格执行外包作业“双勘察”“双交底”“双签发”。

23.

【题目出处】《直流现场作业风险管控实施细则》

【答案】A

【答案解析】加强人员进出管理，应由工作负责人携工作票带领工作班成员进站，通过人脸识别、指纹识别等智能管控系统与现场人工核查相结合方式，做实工作负责人与工作班成员同进同出。作业人员全过程分级管控，允许进入主控室、二次设备间等关键区域人员作业许可证应有明显差别。

24.

【题目出处】《直流现场作业风险管控实施细则》

【答案】C

【答案解析】控保系统、自动化厂家等二次人员进站作业，严格执行进站“三必须”（进站工作必须获得业务管理部门许可，厂家必须以发函形式确认工作人员、工期、内容、标准，进站前必须通过安规考试和身份核查），进入作业现场应使用专用电脑，严禁携带 U 盘和个人电脑，确保不发生超范围作业及网络安全事件。

25.

【题目出处】《直流现场作业风险管控实施细则》

【答案】D

【答案解析】加强阀厅作业车辆管控，阀厅作业车辆应专人操作并设专人指挥，操作员、指挥员应经培训并考试合格，非指定操作员禁止操作。辆移动时应在未伸展状态，与阀塔屏蔽罩、管母、套管均压球等设备保持足够安全距离。

26.

【题目出处】《直流现场作业风险管控实施细则》

【答案】D

【答案解析】根据检修实施进度，按日落实二次隔离措施、带电区域隔离安措、高风险作业工序等，动态调整现场到岗到位和远程督查安排。

27.

【题目出处】《直流现场作业风险管控实施细则》

【答案】D

【答案解析】直流现场作业中Ⅰ、Ⅱ级检修应每日召开例会进行日管控，由换流站运维管理部门、各作业面负责人参加，对当日工作进行全面点评，对次日工作进行全面安排，对主要问题进行集中决策，形成日报并报领导小组。

28.

【题目出处】《直流现场作业风险管控实施细则》

【答案】C

【答案解析】加强在运设备运维，严格落实检修期间“电网运行风险预警通知单”相关运维保障措施要求，加强在运一、二次设备特巡特护，并做好应急抢修准备。

29.

【题目出处】《直流现场作业风险管控实施细则》

【答案】D

【答案解析】强化隔离措施落实，重点加强Ⅰ、Ⅱ级检修作业现场安措布置管理，做好二次回路隔离、网络隔离、控保系统软件隔离，落实临电设备物理硬隔离措施。

30.

【题目出处】《直流现场作业风险管控实施细则》

【答案】D

【答案解析】指定专人，每日开展隔离措施现场核查，确保电网风险能控、在控。

31.

【题目出处】《直流现场作业风险管控实施细则》

【答案】A

【答案解析】检修工作全部完成后以及隐蔽工程、高风险工序等关键环节阶段性完成后，作业班组应及时开展自验收，自验收合格后申请所属运维单位验收。

32.

【题目出处】《直流现场作业风险管控实施细则》

【答案】D

【答案解析】各级设备管理部门按照作业风险分级开展验收工作监督，其中Ⅰ、Ⅱ级检修由省公司设备部选派专业技术人员参加，Ⅲ～Ⅴ级检修由超高压公司（直流公司）设备管理部门选派专业技术人员参加。

33.

【题目出处】《直流现场作业风险管控实施细则》

【答案】D

【答案解析】Ⅰ、Ⅱ级检修验收前，应根据规程规范要求、设备说明书、标准作业卡、检修方案等编制验收标准作业卡，验收完成后编制验收报告。验收人员应在验收报告或标准作业卡（Ⅲ～Ⅴ级验收）的“执行评价”栏中记录验收情况并签字，验收资料至少保留一个检修周期。

34.

【题目出处】《直流现场作业风险管控实施细则》

【答案】D

【答案解析】Ⅰ、Ⅱ级检修总结报告由省公司设备部组织超高压公司（直流公司）编制，检修项目竣工后 15 日内完成，30 日内报送国网设备部备案。

35.

【题目出处】《直流现场作业风险管控实施细则》

【答案】A

【答案解析】Ⅲ级检修总结报告由超高压公司（直流公司）设备管理部门组织换流站编制，检修项目竣工后 7 日内完成，15 日内报送省公司设备部备案。

36.

【题目出处】《直流现场作业风险管控实施细则》

【答案】D

【答案解析】国网设备部每年对Ⅰ、Ⅱ级检修管理要求的落实情况进行检查考核。

37.

【题目出处】《直流现场作业风险管控实施细则》

【答案】D

【答案解析】超高压公司（直流公司）设备管理部门每年对本单位各级检修的管理要求落实情况进行检查考核。

38.

【题目出处】《直流现场作业风险管控实施细则》

【答案】A

【答案解析】建立提升跨区直流系统能量可用率工作的奖惩机制，鼓励“陪停检修”，对工作表现突出、充分结合停电开展工作提升跨区直流系设备安全水平和能量可用率的给予表彰和奖励；对工作落实不到位造成跨区直流系统重复停电、能量可用率降低的应通报批评。

39.

【题目出处】《直流现场作业风险管控实施细则》

【答案】A

【答案解析】检查考核采用资料评审与现场检查相结合的方式开展。检查考核内容包括检修质量、检修计划和方案、标准化作业等，重点关注作业风险分级是否准确、安全管控措施是否有效、到岗到位要求是否落实。

40.

【题目出处】《直流现场作业风险管控实施细则》

【答案】A

【答案解析】通过检查考核，督促各单位严格落实检修管理要求，结合实际执行情况对“五级五控”风险管控体系进行完善，推动现场作业风险管控水平不断提升。

41.

【题目出处】《国家电网有限公司严重违章释义》

【答案】A

【答案解析】建设单位将工程发包给个人或不具有相应资质的单位。

释义：建设单位将工程发包给自然人。

42.

【题目出处】《国家电网有限公司严重违章释义》

【答案】C

【答案解析】存在重大事故隐患而不排除，冒险组织作业；存在重大事故隐患被要求停止施工、停止使用有关设备、设施、场所或者立即采取排除危险的整改措施，而未执行的。

43.

【题目出处】《国家电网有限公司严重违章释义》

【答案】A

【答案解析】防误闭锁装置功能不完善，未按要求投入运行。

释义：断路器、隔离开关和接地刀闸电气闭锁回路使用重动继电器。

44.

【题目出处】《国家电网有限公司严重违章释义》

【答案】B

【答案解析】未经工作许可（包括在客户侧工作时，未获客户许可），即开始工作。

释义：

1. 公司系统电网生产作业未经调度管理部门或设备运维管理单位许可，擅自开始工作。

2. 在用户管理的变电站或其他设备上工作时未经用户许可，擅自开始工作。

3. 在客户侧营销现场作业，未经供电方许可人和客户方许可人共同对工作票或现场作业工作卡进行许可。

45.

【题目出处】《国家电网有限公司严重违章释义》

【答案】A

【答案解析】工作负责人（作业负责人、专责监护人）不在现场，或劳务分包人员担任工作负责人（作业负责人）。

释义：

1. 工作负责人（作业负责人、专责监护人）未到现场。

2. 工作负责人（作业负责人）暂时离开作业现场时，未指定能胜任的人员临时代替。

3. 工作负责人（作业负责人）长时间离开作业现场时，未由原工作票签发人变更工作负责人。

46.

【题目出处】《国家电网有限公司严重违章释义》

【答案】A

【答案解析】随意解除闭锁装置，或擅自使用解锁工具（钥匙）。

释义：

1. 正常情况下，防误装置解锁或退出运行。

2. 特殊情况下，防误装置解锁未执行下列规定：

（1）若遇危及人身、电网和设备安全等紧急情况需要解锁操作，可由变电运维班当值负责人或发电厂当值值长下令紧急使用解锁工具（钥匙）；

（2）防误装置及电气设备出现异常要求解锁操作，应经运维管理部门防误操作装置专责人或运维管理部门指定并经书面公布的人员到现场核实无误并签字后，由变电站运维人员告知当值调控人员，方可使用解锁工具（钥匙），并在运维人员监护下操作。不得使用万能钥匙或一组密码全部解锁等解锁工具（钥匙）。

47.

【题目出处】《国家电网有限公司严重违章释义》

【答案】C

【答案解析】不具备“三种人”资格的人员担任工作票签发人、工作负责人或许可人。

释义：地市级或县级单位未每年对工作票签发人、工作负责人、工作许可人进行培训考试，合格后书面公布“三种人”名单。

48.

【题目出处】《国家电网有限公司严重违章释义》

【答案】C

【答案解析】超出作业范围未经审批。

释义：

1. 在原工作票的停电及安全措施范围内增加工作任务时，未征得工作票签发人和工作许可人同意，未在工作票上增填工作项目。

2. 原工作票增加工作任务需变更或增设安全措施时，未重新办理新的工作票，并履行签发、许可手续。

49.

【题目出处】《国家电网有限公司严重违章释义》

【答案】D

【答案解析】因工作原因必须短时移动或拆除遮栏（围栏）、标识牌，应征得工作许可人同意，并在工作负责人的监护下进行。

50.

【题目出处】《国家电网有限公司严重违章释义》

【答案】D

【答案解析】防误闭锁装置功能不完善，未按要求投入运行。

释义：

1. 断路器、隔离开关和接地刀闸电气闭锁回路使用重动继电器。

2. 机械闭锁装置未可靠锁死电气设备的传动机构。

51.

【题目出处】《国家电网有限公司严重违章释义》

【答案】A

【答案解析】无票（包括作业票、工作票及分票、操作票、动火票等）工作、无令操作。

释义：

1. 在运用中电气设备上及相关场所的工作，未按照《安规》规定使用工作票、事故紧急抢修单。

2. 未按照《安规》规定使用施工作业票。

3. 未使用审核合格的操作票进行倒闸操作。

4. 未根据值班调控人员、运维负责人正式发布的指令进行倒闸操作。

5. 在油罐区、注油设备、电缆间、计算机房、换流站阀厅等防火重点部位（场所）以及政府部门、本单位划定的禁止明火区动火作业时，未使用动火票。

52.

【题目出处】《国家电网有限公司严重违章释义》

【答案】B

【答案解析】二、Ⅱ类严重违章（30条）未及时传达学习国家、公司安全工作部署，未及时开展公司系统安全事故（事件）通报学习、安全日活动等。

释义：

1. 未通过理论中心组、党组（委）会、安委会或工作例会等形式按要求时限传达学习国家、公司安全生产重要会议、安全专项行动等工作部署。

2. 未按要求时限开展公司系统安全事故（事件）通报学习、专题安全日活动等。

53.

【题目出处】《国家电网有限公司严重违章释义》

【答案】C

【答案解析】针对公司通报的安全事故事件、要求开展的隐患排查，未举一反三组织排查；未建立隐患排查标准，分层分级组织排查的。

释义：

1. 针对公司通报的安全事故、事件暴露的典型问题和家族性隐患未举一反三组织排查。

2. 省公司级单位未分级分类建立隐患排查标准，未明确隐患排查内容、排查方法和判定依据。

3. 未在每年6月底前组织开展一次涵盖安全生产各领域、各专业、各环节的安全隐患全面排查。

54.

【题目出处】《国家电网有限公司严重违章释义》

【答案】A

【答案解析】施工总承包单位或专业承包单位未派驻项目负责人、技术负责人、质量管理负责人、安全管理负责人等主要管理人员；合同约定由承包单位负责采购的主要建筑材料、构配件及工程设备或租赁的施工机械设备，由其他单位或个人采购、租赁。

55.

【题目出处】《国家电网有限公司严重违章释义》

【答案】D

【答案解析】拉线、地锚、索道投入使用前未计算校核受力情况。

释义：

1. 未根据拉线受力、环境条件等情况，选择必要安全系数并在留有足够裕度后计算拉线规格。

2. 未根据实际情况及规程规范计算确定地锚的布设数量及方式，未按照受力、地锚型式、土质等情况确定地锚承载力和具体埋设要求。

3. 未按索道设计运输能力、承力索规格、支撑点高度和高差、跨越物高度、索道档距精确计算索道架设弛度。

56.

【题目出处】《国家电网有限公司严重违章释义》

【答案】B

【答案解析】拉线、地锚、索道投入使用前未开展验收；组塔架线前未对地脚螺栓开展验收；验收不合格，未整改并重新验收合格即投入使用。

57.

【题目出处】《国家电网有限公司严重违章释义》

【答案】B

【答案解析】Ⅰ类严重违章（15 条）未按照要求开展电网风险评估，及时发布电网风险预警、落实有效的风险管控措施。

58.

【题目出处】《国家电网有限公司严重违章释义》

【答案】A

【答案解析】超允许起重量起吊。

释义：

1. 起重设备、吊索具和其他起重工具的工作负荷，超过铭牌规定。

2. 没有制造厂铭牌的各种起重机具，未经查算及荷重试验使用。

3. 特殊情况下需超铭牌使用时，未经过计算和试验，未经本单位分管生产的领导或总工程师批准。

59.

【题目出处】《国家电网有限公司严重违章释义》

【答案】D

【答案解析】采用正装法组立超过 30m 的悬浮抱杆。

释义：抱杆长度超过 30m 以上一次无法整体起立时，多次对接组立未采取倒装方式，采用正装方式对接组立悬浮抱杆。

60.

【题目出处】《国家电网有限公司严重违章释义》

【答案】B

【答案解析】带电作业工作票签发人或工作负责人认为有必要时，应组织有经验的人员到现场勘察，根据勘察结果作出能否进行带电作业的判断，并确定作业方法和所需工具以及应才去的措施。

61.

【题目出处】《国家电网有限公司严重违章释义》

【答案】C

【答案解析】乘坐船舶或水上作业超载，或不使用救生装备。

释义：

1. 船舶未根据船只载重量及平衡程度装载，超载、超员。

2. 水上作业或乘坐船舶时，未全员配备、使用救生装备。

62.

【题目出处】《国家电网有限公司严重违章释义》

【答案】B

【答案解析】二、Ⅱ类严重违章（30条）未按要求开展网络安全等级保护定级、备案和测评工作。

63.

【题目出处】《国家电网有限公司严重违章释义》

【答案】A

【答案解析】一、Ⅰ类严重违章（15条）未经工作许可（包括在客户侧工作时，未获客户许可），即开始工作。

64.

【题目出处】《国家电网有限公司严重违章释义》

【答案】C

【答案解析】现场作业人员未经安全准入考试并合格；新进、转岗和离岗3个月以上电气作业人员，未经专门安全教育培训，并经考试合格上岗。

65.

【题目出处】《国家电网有限公司严重违章释义》

【答案】A

【答案解析】外包单位人员发生严重违章，对重复发生严重违章的责任人，取消准入资格，一年内进入公司系统作业，期满自动解除禁入。

66.

【题目出处】《国家电网有限公司严重违章释义》

【答案】D

【答案解析】在带电设备周围使用钢卷尺、金属梯等禁止使用的工器具。

释义：

1. 在带电设备周围使用钢卷尺、皮卷尺和线尺（夹有金属丝者）进行测量工作。

2. 在变、配电站（开关站）的带电区域内或临近带电设备处，使用金属梯子、金属脚手架等。

67.

【题目出处】《国家电网有限公司严重违章释义》

【答案】D

【答案解析】在继保屏上作业时，运行设备与检修设备无明显标志隔开，或在保护盘上或附近进行振动较大的工作时，未采取防掉闸的安全措施。

释义：

1. 在继保屏上作业时，未将检修设备与运行设备以明显的标志隔开。

2. 检修设备所在屏柜上还有其他运行设备，屏柜内的运行设备未和检修设备有明显标志隔离，与运行设备有关的压板、切换开关、空气开关等附件未做禁止操作标志。

3. 在运行的继电保护、安全自动装置屏附近开展振动较大的工作，有可能影响运行设备安全时，未采取防止运行设备误动作的措施。

68.

【题目出处】《国家电网有限公司严重违章释义》

【答案】A

【答案解析】在带电设备周围使用钢卷尺、金属梯等禁止使用的工器具。

释义：

1. 在带电设备周围使用钢卷尺、皮卷尺和线尺（夹有金属丝者）进行测量工作。

2. 在变、配电站（开关站）的带电区域内或临近带电设备处，使用金属梯子、金属脚手架等。

69.

【题目出处】《国家电网有限公司严重违章释义》

【答案】A

【答案解析】使用金具 U 型环代替卸扣；使用普通材料的螺栓取代卸扣销轴。

释义：

1. 起吊作业使用金具 U 型环代替卸扣。

2. 使用普通材料的螺栓取代卸扣销轴。

70.

【题目出处】《国家电网有限公司严重违章释义》

【答案】B

【答案解析】二、Ⅱ类严重违章（30 条）在带电设备附近作业前未计算校核安全距离；作业安全距离不够且未采取有效措施。

71.

【题目出处】《国家电网有限公司严重违章释义》

【答案】D

【答案解析】二、Ⅱ类严重违章（30 条）没有资质的单位或个人借用其他施工单位的资质承揽工程；有资质的施工单位相互借用资质承揽工程。

72.

【题目出处】《国家电网有限公司严重违章释义》

【答案】A

【答案解析】未经通风和检测合格，任何人员不得进入有限空间作业。检测的时间不得早于作业开始前 30min。

73.

【题目出处】《国家电网有限公司严重违章释义》

【答案】B

【答案解析】一、Ⅰ类严重违章（15 条）防误闭锁装置功能不完善，未按要求投入运行。

74.

【题目出处】《国家电网有限公司严重违章释义》

【答案】C

【答案解析】三、Ⅲ类严重违章（59 条）未按规定开展现场勘察或未留存勘察记录；工作票（作业票）签发人和工作负责人均未参加现场勘察。

释义：

输变电工程三级及以上风险作业前，未开展作业风险现场复测或未留存勘察记录。

75.

【题目出处】《国家电网有限公司严重违章释义》

【答案】A

【答案解析】高压业扩现场勘察未进行客户双签发；业扩报装设备未经验收，擅自接火送电。

76.

【题目出处】《国家电网有限公司严重违章释义》

【答案】C

【答案解析】严重违章惩处措施落实后，责任单位应在 7 日内将处理意见报违章查处单位。

77.

【题目出处】《国家电网有限公司严重违章释义》

【答案】B

【答案解析】严重违章惩处措施落实后，15 日内以本级安委会文件上报整改报告。

78.

【题目出处】《国家电网有限公司严重违章释义》

【答案】A

【答案解析】Ⅰ类严重违章（15 条）无日计划作业，或实际作业内容与日计划不符。

释义：

1. 日作业计划（含临时计划、抢修计划）未录入安全生产风险管控平台。

2. 安全生产风险管控平台中日计划取消后，实际作业未取消。

3. 现场作业超出安全生产风险管控平台中作业计划范围。

79.

【题目出处】《国家电网有限公司严重违章释义》

【答案】D

【答案解析】Ⅰ类严重违章（15条）无票（包括作业票、工作票及分票、操作票、动火票等）工作、无令操作。

释义：

1. 在运用中电气设备上及相关场所的工作，未按照《安规》规定使用工作票、事故紧急抢修单。

2. 未按照《安规》规定使用施工作业票。

3. 未使用审核合格的操作票进行倒闸操作。

4. 未根据值班调控人员、运维负责人正式发布的指令进行倒闸操作。

5. 在油罐区、注油设备、电缆间、计算机房、换流站阀厅等防火重点部位（场所）以及政府部门、本单位划定的禁止明火区动火作业时，未使用动火票。

80.

【题目出处】《国家电网有限公司严重违章释义》

【答案】B

【答案解析】特种作业人员未经安全准入考试即进场作业，属于管理违章。

81.

【题目出处】《国家电网有限公司严重违章释义》

【答案】D

【答案解析】涉及生命安全、危险性较大的锅炉、压力容器（含气瓶）、压力管道、电梯、起重机械、客运索道和场（厂）内专用机动车辆等特种设备作业人员，未依据《特种设备作业人员监督管理办法》（国家质量监督检验检疫总局令第140号）从特种设备安全监督管理部门取得特种作业人员证书。

82.

【题目出处】《国家电网有限公司严重违章释义》

【答案】C

【答案解析】三、Ⅲ类严重违章（59条）生产和施工场所未按规定配备消防器材或配备不合格的消防器材。

83.

【题目出处】《国家电网有限公司严重违章释义》

【答案】B

【答案解析】未经工作许可（包括在客户侧工作时，未获客户许可），即开始工作。

释义：

1. 公司系统电网生产作业未经调度管理部门或设备运维管理单位许可，擅自开始工作。

2. 在用户管理的变电站或其他设备上工作时未经用户许可，擅自开始工作。

84.

【题目出处】《国家电网有限公司严重违章释义》

【答案】C

【答案解析】二、Ⅱ类严重违章（30 条）继电保护、直流控保、稳控装置等定值计算、调试错误，误动、误碰、误（漏）接线。

释义：

1. 继电保护、直流控保、稳控装置等定值计算、调试错误或版本使用错误。

2. 智能变电站继电保护、合并单元、智能终端等配置文件设置错误。

85.

【题目出处】《国家电网有限公司严重违章释义》

【答案】C

【答案解析】发现严重违章，上级违章查处单位要责成违章单位对照公司《安全工作奖惩规定》关于安全事件的追责条款，按照“三个必须”原则对违章责任人进行惩处。

86.

【题目出处】《国家电网有限公司严重违章释义》

【答案】A

【答案解析】对多次发生严重违章的单位，要按照公司安全警示约谈工作规范（试行）规定，由上级违章查出单位对有关单位和相关人员进行约谈。

87.

【题目出处】《国家电网有限公司严重违章释义》

【答案】D

【答案解析】两个及以上专业、单位参与的改造、扩建、检修等综合性作业，未成立由上级单位领导任组长，相关部门、单位参加的现场作业风险管控协调组；现场作业风险管控协调组未常驻现场督导和协调风险管控工作。

释义：

1. 涉及多专业、多单位或多专业综合性的二级及以上风险作业，上级单位未成立由副总师以上领导担任负责人、相关单位或专业部门负责人参加的现场作业风险管控协调组。

2. 作业实施期间，现场作业风险管控协调组未常驻作业现场督导协调；未每日召开例会分析部署风险管控工作；未组织检查施工方案及现场风险管控措施落实情况。

88.

【题目出处】《国家电网有限公司严重违章释义》

【答案】B

【答案解析】承发包双方未依法签订安全协议，未明确双方应承担的安全责任。

89.

【题目出处】《国家电网有限公司严重违章释义》

【答案】C

【答案解析】自制施工工器具未经检测试验合格。

释义：自制或改造起重滑车、卸扣、切割机、液压工器具、手扳（链条）葫芦、卡线器、吊篮等工器具，未经有资质的第三方检验机构检测试验，无试验合格证或试验合格报告。

90.

【题目出处】《国家电网有限公司严重违章释义》

【答案】A

【答案解析】高压配电装置带电部分对地距离不满足且未采取措施。

释义：

1. 配电站、开闭所户外高压配电装置的裸露（含绝缘包裹）导电部分跨越人行过道或作业区时，对地高度不满足安全距离要求且底部和两侧未装设护网。

2. 户内高压配电装置的裸露（含绝缘包裹）导电部分对地高度不满足安

全距离要求且底部和两侧未装设护网。

依据：《国家电网公司电力安全工作规程配电部分》2.3.6 配电站、开闭所户外高压配电线路、设备的裸露部分在跨越人行过道或作业区时，若导电部分对地高度分别小于 2.7m、2.8m，该裸露部分底部和两侧应装设护网。户内高压配电设备的裸露导电部分对地高度小于 2.5m 时，该裸露部分底部和两侧应装设护网。

91.

【题目出处】《国家电网有限公司严重违章释义》

【答案】C

【答案解析】三、Ⅲ类严重违章（59 条）网络边界未按要求部署安全防护设备并定期进行特征库升级。

释义：

1. 管理信息内网与外网之间、管理信息大区与生产控制大区之间的边界未采用国家电网公司认可的隔离装置进行安全隔离。

2. 安全防护设备未定期进行特征库升级，未及时调整安全防护策略。

92.

【题目出处】《国家电网有限公司严重违章释义》

【答案】B

【答案解析】三、Ⅲ类严重违章（59 条）违规使用没有“一书一签”（化学品安全技术说明书、化学品安全标签）的危险化学品。

释义：

1. 使用或分装的危险化学品无安全技术说明书及安全标签。

2. 盛装危险化学品的容器在净化处理前，更换原安全标签。

93.

【题目出处】《国家电网有限公司严重违章释义》

【答案】D

【答案解析】二、Ⅱ类严重违章（30 条）随意解除闭锁装置，或擅自使用解锁工具（钥匙）。

释义：

1. 正常情况下，防误装置解锁或退出运行。

2. 特殊情况下，防误装置解锁未执行下列规定：

（1）若遇危及人身、电网和设备安全等紧急情况需要解锁操作，可由变电运维班当值负责人或发电厂当值值长下令紧急使用解锁工具（钥匙）；

（2）防误装置及电气设备出现异常要求解锁操作，应经运维管理部门防误操作装置专责人或运维管理部门指定并经书面公布的人员到现场核实无误并签字后，由变电站运维人员告知当值调控人员，方可使用解锁工具（钥匙），并在运维人员监护下操作。不得使用万能钥匙或一组密码全部解锁等解锁工具（钥匙）。

94.

【题目出处】《国家电网有限公司严重违章释义》

【答案】C

【答案解析】三、Ⅲ类严重违章（59 条）重要工序、关键环节作业未按施工方案或规定程序开展作业；作业人员未经批准擅自改变已设置的安全措施。

95.

【题目出处】《国家电网有限公司严重违章释义》

【答案】A

【答案解析】三、Ⅲ类严重违章（59 条）起吊或牵引过程中，受力钢丝绳周围、上下方、内角侧和起吊物下面，有人逗留或通过。

释义：

1. 起重机在吊装过程中，受力钢丝绳周围或起吊物下方有人逗留或通过。

2. 绞磨机、牵引机、张力机等受力钢丝绳周围、上下方、内角侧等受力侧有人逗留或通过。

96.

【题目出处】《国家电网有限公司严重违章释义》

【答案】B

【答案解析】三、Ⅲ类严重违章（59 条）放线区段有跨越、平行输电线路时，导（地）线或牵引绳未采取接地措施。

97.

【题目出处】《国家电网有限公司严重违章释义》

【答案】D

【答案解析】三、Ⅲ类严重违章（59 条）耐张塔挂线前，未使用导体将耐张绝缘子串短接。

98.

【题目出处】《国家电网有限公司严重违章释义》

【答案】C

【答案解析】三、Ⅲ类严重违章（59 条）在易燃易爆或禁火区域携带火种、使用明火、吸烟；未采取防火等安全措施在易燃物品上方进行焊接，下方无监护人。

释义：

1. 在存有易燃易爆危险化学品（汽油、乙醇、乙炔、液化气体、爆破用雷管等《危险货物品名表》《危险化学品名录》所列易燃易爆品）的区域和地方政府划定的森林草原防火区及森林草原防火期，地方政府划定的禁火区及禁火期、含油设备周边等禁火区域携带火种、使用明火、吸烟或动火作业。

2. 在易燃物品上方进行焊接，未采取防火隔离、防护等安全措施，下方无监护人。

99.

【题目出处】《国家电网有限公司严重违章释义》

【答案】A

【答案解析】三、Ⅲ类严重违章（59 条）动火作业前，未将盛有或盛过易燃易爆等化学危险物品的容器、设备、管道等生产、储存装置与生产系统隔离，未清洗置换，未检测可燃气体（蒸气）含量，或可燃气体（蒸气）含量不合格即动火作业。

100.

【题目出处】《国家电网有限公司严重违章释义》

【答案】C

【答案解析】三、Ⅲ类严重违章（59 条）擅自倾倒、堆放、丢弃或遗撒危险化学品。

释义：

1. 未对危险化学品废弃物进行无害化处理。

2. 未采取防扬散、防流失、防渗漏或者其他防止污染环境的措施。

3. 擅自倾倒、堆放、丢弃或遗撒危险化学品。

101.

【题目出处】《国家电网有限公司严重违章释义》

【答案】C

【答案解析】三、Ⅲ类严重违章（59条）带电断、接空载线路时，线路后端所有断路器（开关）和隔离开关（刀闸）未全部断开，变压器、电压互感器未全部退出运行。

102.

【题目出处】《国家电网有限公司严重违章释义》

【答案】B

【答案解析】三、Ⅲ类严重违章（59条）带电作业断开的引线、未接通的预留引线送电前，未采取防止摆动的措施或与周围接地构件、不同相带电体安全距离不足。

103.

【题目出处】《国家电网有限公司严重违章释义》

【答案】D

【答案解析】三、Ⅲ类严重违章（59条）未按规定开展现场勘察或未留存勘察记录；工作票（作业票）签发人和工作负责人均未参加现场勘察。

释义：《国家电网有限公司作业安全风险管控工作规定》附录5 “需要现场勘察的典型作业项目”（详见附件4）未组织现场勘察或未留存勘察记录。

104.

【题目出处】《国家电网有限公司严重违章释义》

【答案】A

【答案解析】三、Ⅲ类严重违章（59条）对“超过一定规模的危险性较大的分部分项工程”（含大修、技改等项目），未组织编制专项施工方案（含安全技术措施），未按规定论证、审核、审批、交底及现场监督实施。属于管理违章与行为违章。

105.

【题目出处】《国家电网有限公司严重违章释义》

【答案】C

【答案解析】三、Ⅲ类严重违章（59条）监理人员未经安全准入考试并合格；监理项目部关键岗位（总监、总监代表、安全监理、专业监理等）人员不具备相应资格；总监理工程师兼任工程数量超出规定允许数量。

106.

【题目出处】《国家电网有限公司严重违章释义》

【答案】B

【答案解析】三、Ⅲ类严重违章（59 条）安全风险管控平台上的作业开工状态与实际不符；作业现场未布设与安全风险管控平台作业计划绑定的视频监控设备，或视频监控设备未开机、未拍摄现场作业内容。

107.

【题目出处】《国家电网有限公司严重违章释义》

【答案】D

【答案解析】三、Ⅲ类严重违章（59 条）放线区段有跨越、平行输电线路时，导（地）线或牵引绳未采取接地措施。

释义：

1. 放线区段有跨越、平行带电线路时，牵引机及张力机出线端的导（地）线及牵引绳上未安装接地滑车。

2. 跨越不停电线路时，跨越档两端的导线未接地。

3. 紧线作业区段内有跨越、平行带电线路时，作业点两侧未可靠接地。

108.

【题目出处】《国家电网有限公司严重违章释义》

【答案】A

【答案解析】三、Ⅲ类严重违章（59 条）高压带电作业未穿戴绝缘手套等绝缘防护用具；高压带电断、接引线或带电断、接空载线路时未戴护目镜。

释义：

1. 作业人员开展配电带电作业未穿着绝缘服或绝缘披肩、绝缘袖套、绝缘手套、绝缘安全帽等绝缘防护用具。

2. 高压带电断、接引线或带电断、接空载线路作业时未戴护目镜。

109.

【题目出处】《国家电网有限公司严重违章释义》

【答案】D

【答案解析】三、Ⅲ类严重违章（59 条）汽车式起重机作业前未支好全部支腿；支腿未按规程要求加垫木。

释义：

1. 汽车式起重机作业过程中未支好全部支腿；支腿未加垫木；垫木不符合要求。

2. 起重机车轮、支腿或履带的前端、外侧与沟、坑边缘的距离小于沟、坑深度的1.2倍时，未采取防倾倒、防坍塌措施。

110.

【题目出处】《国家电网有限公司严重违章释义》

【答案】C

【答案解析】三、Ⅲ类严重违章（59条）链条葫芦、手扳葫芦、吊钩式滑车等装置的吊钩和起重作业使用的吊钩无防止脱钩的保险装置。

释义：

1. 链条葫芦、手扳葫芦吊钩无封口部件。

2. 吊钩式起重滑车无防止脱钩的钩口闭锁装置。

3. 起重作业使用的吊钩无防止脱钩的保险装置。

111.

【题目出处】《国家电网有限公司严重违章释义》

【答案】B

【答案解析】三、Ⅲ类严重违章（59条）绞磨、卷扬机放置不稳；锚固不可靠；受力前方有人；拉磨尾绳人员位于锚桩前面或站在绳圈内。

释义：

1. 绞磨、卷扬机未放置在平整、坚实、无障碍物的场地上。

2. 绞磨、卷扬机锚固在树木或外露岩石等承力大小不明物体上；地锚、拉线设置不满足现场实际受力安全要求。

3. 绞磨、卷扬机受力前方有人。

4. 拉磨尾绳人员位于锚桩前面或站在绳圈内。

112.

【题目出处】《国家电网有限公司严重违章释义》

【答案】C

【答案解析】三、Ⅲ类严重违章（59条）导线高空锚线未设置二道保护措施。

释义：

1. 平衡挂线、导地线更换作业过程中，导线高空锚线未设置二道保护措施。

2. 更换绝缘子串和移动导线作业过程中，采用单吊（拉）线装置时，未设置防导线脱落的后备保护措施。

113.

【题目出处】《国家电网有限公司严重违章释义》

【答案】A

【答案解析】三、Ⅲ类严重违章（59条）领导干部和专业管理人员未履行到岗到位职责，相关人员应到位而不到位、应把关而不把关、到位后现场仍存在严重违章。属于管理违章。

释义：

1. 领导干部和专业管理人员未按以下要求到岗到位：

（1）一级风险作业，相关地市公司级单位或建设管理单位副总师及以上领导应到岗到位；省公司级单位专业管理部门应到岗到位；

（2）二、三级风险作业，相关地市公司级单位或建设管理单位专业管理部门负责人或管理人员、县公司级单位负责人应到岗到位；

（3）四、五级风险作业，县公司级单位专业部门管理人员或相关班组（供电所）负责人应到岗到位。

2. 领导干部和专业管理人员未履责把关，到位后现场仍存在严重违章等情况。

114.

【题目出处】《国家电网有限公司严重违章释义》

【答案】C

【答案解析】三、Ⅲ类严重违章（59条）安监部门、安全督查中心、安全督查队伍不履责，未按照分级全覆盖要求开展督查、本级督查后又被上级督察发现严重违章、未对停工现场执行复查或核查。

释义：

1. 安监部门、安全督查中心、安全督查队伍未按照分级全覆盖要求开展督查。

2. 安全督查中心、安全督查队伍开展督查后，同一作业现场又被上级督查发现应发现而未发现的严重违章（详见附件7安全督查中心、队伍未发现严重违章追责清单）。

3. 安全督查中心、安全督查队伍未对停工现场执行复查或核查。

115.

【题目出处】《国家电网有限公司严重违章释义》

【答案】D

【答案解析】三、Ⅲ类严重违章（59 条）作业现场视频监控终端无存储卡或不满足存储要求。

释义：

1. 作业现场视频监控终端无存储卡。

2. 作业现场视频终端存储功能不满足以下要求：

（1）存储卡容量不低于 256G；

（2）具备终端开关机、视频读写等信息记录功能，并能够回传安全生产风险管控平台。

116.

【题目出处】《国家电网有限公司严重违章释义》

【答案】C

【答案解析】Ⅰ类严重违章（15 条）高处作业、攀登或转移作业位置时失去保护。

释义：

1. 高处作业未搭设脚手架、使用高空作业车、升降平台或采取其他防止坠落措施。

2. 在没有脚手架或者在没有栏杆的脚手架上工作，高度超过 1.5m 时，未用安全带或采取其他可靠的安全措施。

3. 在屋顶及其他危险的边沿工作，临空一面未装设安全网或防护栏杆或作业人员未使用安全带。

117.

【题目出处】《国家电网有限公司严重违章释义》

【答案】B

【答案解析】Ⅰ类严重违章（15 条）高处作业、攀登或转移作业位置时失去保护。

释义：

1. 高处作业未搭设脚手架、使用高空作业车、升降平台或采取其他防止坠落措施。

2. 在没有脚手架或者在没有栏杆的脚手架上工作，高度超过 1.5m 时，未用安全带或采取其他可靠的安全措施。

3. 在屋顶及其他危险的边沿工作，临空一面未装设安全网或防护栏杆或作业人员未使用安全带。

4. 杆塔上水平转移时未使用水平绳或设置临时扶手，垂直转移时未使用速差自控器或安全自锁器等装置。

118.

【题目出处】《国家电网有限公司严重违章释义》

【答案】A

【答案解析】Ⅰ类严重违章（15 条）有限空间作业未执行“先通风、再检测、后作业”要求；未正确设置监护人；未配置或不正确使用安全防护装备、应急救援装备。

释义：

1. 有限空间作业前未通风或气体检测浓度高于《国家电网有限公司有限空间作业安全工作规定》附录 7 规定要求（详见附件 1）。

2. 有限空间作业未在入口设置监护人或监护人擅离职守。

3. 未根据有限空间作业的特点和应急预案、现场处置方案，配备使用气体检测仪、呼吸器、通风机等安全防护装备和应急救援装备；当作业现场无法通过目视、喊话等方式进行沟通时，未配备对讲机；在可能进入有害环境时，未配备满足作业安全要求的隔绝式或过滤式呼吸防护用品。

119.

【题目出处】《国家电网有限公司严重违章释义》

【答案】C

【答案解析】Ⅱ类严重违章（30 条）承包单位将其承包的全部工程转给其他单位或个人施工；承包单位将其承包的全部工程肢解以后，以分包的名义分别转给其他单位或个人施工。属于管理违章。

释义：

1. 承包单位将其承包的全部工程转给其他单位（包括母公司承接建筑工程后将所承接工程交由具有独立法人资格的子公司施工）或个人施工。

2. 承包单位将其承包的全部工程肢解以后，以分包的名义分别转给其他单位或个人施工。

120.

【题目出处】《国家电网有限公司严重违章释义》

【答案】B

【答案解析】Ⅱ类严重违章（30 条）特高压换流站工程启动调试阶段，建设、施工、运维等单位责任界面不清晰，设备主人不明确，预试、交接、验收等环节工作未履行。

释义：

1. 特高压换流站工程启动调试阶段，建设、施工、运维等单位未按照《特高压换流站工程现场安全管理职责分工》要求明确责任界面。

2. 设备主人未按照工程移交流程进行明确。

3. 建设、施工、运维等单位未履行预试、交接、验收等环节工作责任。

（二）多选题（共 100 道）

1.

【题目出处】《变电现场作业风险管控实施细则》

【答案】BD

【答案解析】勘察原则：作业环境复杂、高风险工序多的检修，还应在项目立项、检修计划申报前开展前期勘察，确保项目内容、停电范围和停电时间的准确性。

2.

【题目出处】《变电现场作业风险管控实施细则》

【答案】ABC

【答案解析】勘察内容：现场勘察时，应仔细核对检修设备台账，核查设备运行状况及存在缺陷，梳理技改大修、隐患治理等任务要求，分析现场作业风险及预控措施，并对作业风险分级的准确性进行复核。涉及特种车辆作业时，还应明确车辆行驶路线、作业位置、作业边界等内容。

3.

【题目出处】《变电现场作业风险管控实施细则》

【答案】BCD

【答案解析】Ⅰ级检修方案由省公司设备部组织编制，检修项目实施前 15 日完成。省公司分管领导组织审查，国网设备部、分部生技部、总部管控中心参与审核把关，省公司批准。

4.

【题目出处】《变电现场作业风险管控实施细则》

【答案】ABCD

【答案解析】Ⅰ～Ⅲ级检修方案应包括编制依据、工作内容、组织措施、安全措施、技术措施、物资采购保障措施、进度控制保障措施、检修验收要求等内容。多作业面同时开展或涉及重大项目的检修，必要时按作业面或重大项目分别编制专项方案，作为附件与检修方案共同审批。

5.

【题目出处】《变电现场作业风险管控实施细则》

【答案】ABCD

【答案解析】Ⅳ级、Ⅴ级检修方案应包括项目内容、人员分工、停电范围、备品备件及工机具等内容。

6.

【题目出处】《变电倒闸现场作业风险管控实施细则》

【答案】ABC

【答案解析】将倒闸操作任务进行分类，对每类操作任务，基于风险库，综合考虑倒闸操作任务的操作复杂度、人身和设备风险、操作对电网影响等风险评价因素，确定倒闸操作风险基础等级。

7.

【题目出处】《变电倒闸现场作业风险管控实施细则》

【答案】ABCD

【答案解析】在各类倒闸操作任务基础风险定级基础上，综合考虑电网风险、设备风险、新设备启动、时间和环境风险四个风险因素具体情况，对倒闸操作作业风险进行提级管控。

8.

【题目出处】《变电倒闸现场作业风险管控实施细则》

【答案】ABCD

【答案解析】勘察内容。勘察人员应认真核对倒闸操作范围内设备设施运行状态、隐患、缺陷、保护及安全自动装置（压板）投退范围等信息。

9.

【题目出处】《变电倒闸现场作业风险管控实施细则》

【答案】ABCD

【答案解析】勘察记录。应将特殊运行方式、设备特殊状态、存在的隐患或缺陷等记录清楚。

10.

【题目出处】《变电倒闸现场作业风险管控实施细则》

【答案】ABD

【答案解析】工作内容：到岗到位人员应检查倒闸操作风险管控“一表一库”应用情况，检查倒闸操作正确性、组织措施、技术措施和安全措施完备性，倒闸操作内容和作业计划的一致性、标准作业开展情况等，督导多专业、多单位工作协同情况。

11.

【题目出处】《变电倒闸现场作业风险管控实施细则》

【答案】AB

【答案解析】实施原则。按照分层分级原则实施，省公司运检管控中心应对Ⅰ级、Ⅱ级倒闸操作风险进行远程督查，地市公司级单位运检管控中心应重点对本公司所辖Ⅰ～Ⅲ级倒闸操作风险进行远程督查，对Ⅳ、Ⅴ级倒闸操作风险进行抽查。

12.

【题目出处】《国家电网有限公司严重违章释义》

【答案】ABC

【答案解析】无日计划作业，或实际作业内容与日计划不符。

释义：

1. 日作业计划（含临时计划、抢修计划）未录入安全生产风险管控平台。

2. 安全生产风险管控平台中日计划取消后，实际作业未取消。

3. 现场作业超出安全生产风险管控平台中作业计划范围。

13.

【题目出处】《国家电网有限公司严重违章释义》

【答案】ABCD

【答案解析】工作负责人（作业负责人、专责监护人）不在现场，或劳务分包人员担任工作负责人（作业负责人）。

释义：

1. 工作负责人（作业负责人、专责监护人）未到现场。

2. 工作负责人（作业负责人）暂时离开作业现场时，未指定能胜任的人员临时代替。

3. 工作负责人（作业负责人）长时间离开作业现场时，未由原工作票签发人变更工作负责人。

4. 专责监护人临时离开作业现场时，未通知被监护人员停止作业或离开作业现场。

5. 专责监护人长时间离开作业现场时，未由工作负责人变更专责监护人。

6. 劳务分包人员担任工作负责人（作业负责人）。

14.

【题目出处】《国家电网有限公司严重违章释义》

【答案】ABCD

【答案解析】无票（包括作业票、工作票及分票、操作票、动火票等）工作、无令操作。

释义：

1. 在运用中电气设备上及相关场所的工作，未按照《安规》规定使用工作票、事故紧急抢修单。

2. 未按照《安规》规定使用施工作业票。

3. 未使用审核合格的操作票进行倒闸操作。

4. 未根据值班调控人员、运维负责人正式发布的指令进行倒闸操作。

5. 在油罐区、注油设备、电缆间、计算机房、换流站阀厅等防火重点部位（场所）以及政府部门、本单位划定的禁止明火区动火作业时，未使用动火票。

15.

【题目出处】《国家电网有限公司严重违章释义》

【答案】ABCD

【答案解析】作业人员不清楚工作任务、危险点。

释义：

1. 工作负责人（作业负责人）不了解现场所有的工作内容，不掌握危险点及安全防控措施。

2. 专责监护人不掌握监护范围内的工作内容、危险点及安全防控措施。

3. 作业人员不熟悉本人参与的工作内容，不掌握危险点及安全防控措施。

4. 工作前未组织安全交底、未召开班前会（站班会）。

16.

【题目出处】《国家电网有限公司严重违章释义》

【答案】ABC

【答案解析】作业点未在接地保护范围。

释义：

1. 停电工作的设备，可能来电的各方未在正确位置装设接地线（接地开关）。

2. 工作地段各端和工作地段内有可能反送电的各分支线（包括用户）未在正确位置装设接地线（接地开关）。

3. 作业人员擅自移动或拆除接地线（接地开关）。

17.

【题目出处】《国家电网有限公司严重违章释义》

【答案】ABCD

【答案解析】组立杆塔、撤杆、撤线或紧线前未按规定采取防倒杆塔措施；架线施工前，未紧固地脚螺栓。

释义：

1. 拉线塔分解拆除时未先将原永久拉线更换为临时拉线再进行拆除作业。

2. 带张力断线或采用突然剪断导、地线的做法松线。

3. 耐张塔采取非平衡紧挂线前，未设置杆塔临时拉线和补强措施。

4. 杆塔整体拆除时，未增设拉线控制倒塔方向。

5. 杆塔组立前，未核对地脚螺栓与螺母型号是否匹配。

6. 架线施工前，未对地脚螺栓采取加垫板并拧紧螺帽及打毛丝扣的防卸措施。

18.

【题目出处】《国家电网有限公司严重违章释义》

【答案】ACD

【答案解析】高处作业、攀登或转移作业位置时失去保护。

释义：

1. 高处作业未搭设脚手架、使用高空作业车、升降平台或采取其他防止坠落措施。

2. 在没有脚手架或者在没有栏杆的脚手架上工作，高度超过 1.5m 时，未用安全带或采取其他可靠的安全措施。

3. 在屋顶及其他危险的边沿工作，临空一面未装设安全网或防护栏杆或作业人员未使用安全带。

4. 杆塔上水平转移时未使用水平绳或设置临时扶手，垂直转移时未使用速差自控器或安全自锁器等装置。

19.

【题目出处】《国家电网有限公司严重违章释义》

【答案】**AC**

【答案解析】有限空间作业未执行“先通风、再检测、后作业”要求；未正确设置监护人；未配置或不正确使用安全防护装备、应急救援装备。

20.

【题目出处】《国家电网有限公司严重违章释义》

【答案】**ABC**

【答案解析】2. 电网生产高风险作业工序［《国家电网有限公司关于进一步加强生产现场作业风险管控工作的通知》（国家电网设备〔2022〕89 号）各专业“检修工序风险库”］及关键环节未按方案中作业方法、标准或规定程序开展作业。

21.

【题目出处】《国家电网有限公司严重违章释义》

【答案】**ABCD**

【答案解析】施工总承包单位或专业承包单位未派驻项目负责人、技术负责人、质量管理负责人、安全管理负责人等主要管理人员；合同约定由承包单位负责采购的主要建筑材料、构配件及工程设备或租赁的施工机械设备，由其他单位或个人采购、租赁。

22.

【题目出处】《国家电网有限公司严重违章释义》

【答案】ABCD

【答案解析】未按照要求开展电网风险评估，及时发布电网风险预警、落实有效的风险管控措施。

释义：

1. 电网风险预警“应发未发”。

2. 电网风险定级不准确，将高风险定级为低风险；低风险定级为高风险，随意扩大停电范围。

3. 六级及以上电网运行评估不全面，未准确辨识负荷减供（40MW 以上）、电厂送出停电及重要用户供电中断等关键风险因素，未制定相应风险管控措施。

4. 上下级停电计划安排不合理，造成网架结构削弱、运行可靠性降低，且未制定相应管控措施。

23.

【题目出处】《国家电网有限公司严重违章释义》

【答案】ABD

【答案解析】特高压换流站工程启动调试阶段，建设、施工、运维等单位责任界面不清晰，设备主人不明确，预试、交接、验收等环节工作未履行。

释义：

1. 特高压换流站工程启动调试阶段，建设、施工、运维等单位未按照《特高压换流站工程现场安全管理职责分工》要求明确责任界面。

2. 设备主人未按照工程移交流程进行明确。

3. 建设、施工、运维等单位未履行预试、交接、验收等环节工作责任。

24.

【题目出处】《国家电网有限公司严重违章释义》

【答案】ABD

【答案解析】未按要求开展网络安全等级保护定级、备案和测评工作。

释义：

1. 未按照《中华人民共和国信息安全技术网络安全等级保护定级指南》要求，对信息系统进行定级，或信息系统定级与实际情况不相符。

2. 未按照《国家电网有限公司网络安全等级保护建设实施细则》要求，第三级及以上系统每年开展一次网络安全等级测评，第二级信息系统上线后开展网络安全等级测评，在后续运行中按需开展测评。

3. 新建系统在正式投运 30 日内，已投运系统在等级确定后 30 日内，未向所在地公安机关和所在地电力行业主管部门进行备案。

4. 开展等级保护测评的机构不符合国家有关规定，未在公安部门、国家能源局备案，或未通过电力测评机构技术能力评估。

25.

【题目出处】《国家电网有限公司严重违章释义》

【答案】ABCD

【答案解析】建设单位将工程发包给个人或不具有相应资质的单位。

释义：

1. 建设单位将工程发包给自然人。

2. 承包单位不具备有效的（虚假、收缴或吊销）营业执照和法人代表资格证书，不具备建设主管部门和电力监管部门颁发的有效的（超资质许可范围，业务资质虚假、注销或撤销）业务资质证书，不具备有效的（冒用或者伪造、超许可范围、超有效期）安全资质证书（安全生产许可证）。

3. 建设单位将工程发包给列入负面清单、黑名单或限制参与投标的单位。

26.

【题目出处】《国家电网有限公司严重违章释义》

【答案】ABCD

【答案解析】超出作业范围未经审批。

释义：

1. 在原工作票的停电及安全措施范围内增加工作任务时，未征得工作票签发人和工作许可人同意，未在工作票上增填工作项目。

2. 原工作票增加工作任务需变更或增设安全措施时，未重新办理新的工作票，并履行签发、许可手续。

27.

【题目出处】《国家电网有限公司严重违章释义》

【答案】ABC

【答案解析】4. 调度中心、发电厂、变电站在生产控制大区与广域网的纵向连接处，未设置国家指定部门检测认证的电力专用纵向加密认证装置或者加密认证网关及相应设施，未实现双向身份认证、数据加密和访问控制。

28.

【题目出处】《国家电网有限公司严重违章释义》

【答案】**ABCD**

【答案解析】超允许起重量起吊。

释义：

1. 起重设备、吊索具和其他起重工具的工作负荷，超过铭牌规定。

2. 没有制造厂铭牌的各种起重机具，未经查算及荷重试验使用。

3. 特殊情况下需超铭牌使用时，未经过计算和试验，未经本单位分管生产的领导或总工程师批准。

29.

【题目出处】《国家电网有限公司严重违章释义》

【答案】**AC**

【答案解析】在带电设备附近作业前未计算校核安全距离；作业安全距离不够且未采取有效措施。

释义：

1. 在带电设备附近作业前，未根据带电体安全距离要求，对施工作业中可能进入安全距离内的人员、机具、构件等进行计算校核。

2. 在带电设备附近作业计算校核的安全距离与现场实际不符，不满足安全要求。

3. 在带电设备附近作业安全距离不够时，未采取绝缘遮蔽或停电作业等有效措施。

30.

【题目出处】《国家电网有限公司严重违章释义》

【答案】**ABC**

【答案解析】6. 防误闭锁装置未与主设备同时设计、同时安装、同时验收投运；新建、改（扩）建变电工程或主设备经技术改造后，防误闭锁装置未与主设备同时投运。

31.

【题目出处】《国家电网有限公司严重违章释义》

【答案】**ABD**

【答案解析】在运行站内使用吊车、高空作业车、挖掘机等大型机械开展作业，未经设备运维单位批准即改变施工方案规定的工作内容、工作方式等。

32.

【题目出处】《国家电网有限公司严重违章释义》

【答案】ABCD

【答案解析】货运索道载人。

33.

【题目出处】《国家电网有限公司严重违章释义》

【答案】AC

【答案解析】建设管理单位、监理单位需履行安全风险管理监管责任。

34.

【题目出处】《国家电网有限公司严重违章释义》

【答案】BD

【答案解析】3. 未根据有限空间作业的特点和应急预案、现场处置方案，配备使用气体检测仪、呼吸器、通风机等安全防护装备和应急救援装备；当作业现场无法通过目视、喊话等方式进行沟通时，未配备对讲机；在可能进入有害环境时，未配备满足作业安全要求的隔绝式或过滤式呼吸防护用品。

35.

【题目出处】《国家电网有限公司严重违章释义》

【答案】BCD

【答案解析】现场规程没有每年进行一次复查、修订并书面通知有关人员；不需修订的情况下，未由复查人、审核人、批准人签署“可以继续执行”的书面文件并通知有关人员。

36.

【题目出处】《国家电网有限公司严重违章释义》

【答案】ACD

【答案解析】在带电设备附近作业前未计算校核安全距离；作业安全距离不够且未采取有效措施。

释义：在带电设备附近作业前，未根据带电体安全距离要求，对施工作业中可能进入安全距离内的人员、机具、构件等进行计算校核。

37.

【题目出处】《国家电网有限公司严重违章释义》

【答案】ABCD

【答案解析】高（低）压电工、焊接与热切割作业、高处作业、危险化学品安全作业等特种作业人员，未依据《特种作业人员安全技术培训考核管理规定》（国家安全生产监督管理总局令第 30 号）从应急、住建等部门取得特种作业操作资格证书。

38.

【题目出处】《国家电网公司电力安全工作规程（电网建设部分）（试行）》

【答案】ABCD

【答案解析】2.5.3.5.1 作业票签发人：

a）确认施工作业的安全性。

b）确认作业风险识别准确性。

c）确认作业票所列安全措施正确完备。

d）确认所派作业负责人和作业人员适当、充足。

39.

【题目出处】《国家电网有限公司严重违章释义》

【答案】ABC

【答案解析】检修设备所在屏柜上还有其他运行设备，屏柜内的运行设备未和检修设备有明显标志隔离，与运行设备有关的压板、切换开关、空气开关等附件未做禁止操作标志。

40.

【题目出处】《国家电网公司电力安全工作规程（电网建设部分）（试行）》

【答案】BCD

【答案解析】11.3.8 作业结束后，作业负责人应报告工作许可人，报告的内容如下：作业负责人姓名，该线路上某处（说明起止杆塔号、分支线名称等）作业已经完工，线路改动情况，作业地点所挂的工作接地线已全部拆除，杆塔和线路上已无遗留物，作业人员已全部撤离。

41.

【题目出处】《国家电网有限公司严重违章释义》

【答案】AD

【答案解析】使用导线、地线连接网套时网套应与所夹持的导线、地线规格相匹配，发现有断丝时不得使用。

42.

【题目出处】《国家电网有限公司严重违章释义》

【答案】ABCD

【答案解析】拉线、地锚、索道投入使用前未计算校核受力情况。

释义：

1. 未根据拉线受力、环境条件等情况，选择必要安全系数并在留有足够裕度后计算拉线规格。

2. 未根据实际情况及规程规范计算确定地锚的布设数量及方式，未按照受力、地锚型式、土质等情况确定地锚承载力和具体埋设要求。

3. 未按索道设计运输能力、承力索规格、支撑点高度和高差、跨越物高度、索道档距精确计算索道架设弛度。

43.

【题目出处】《国家电网公司电力安全工作规程（电网建设部分）（试行）》

【答案】ABCD

【答案解析】5.4.1.1 安全工器具包括防止触电、灼伤、坠落、摔跌、中毒、窒息、火灾、雷击、淹溺等事故或职业危害，保障作业人员人身安全的个体防护装备、绝缘安全工器具、登高工器具、安全围栏（网）和标志牌等专用工具和器具的管理应符合《国家电网公司电力安全工器具管理规定》。

44.

【题目出处】《国家电网有限公司严重违章释义》

【答案】AB

【答案解析】高处作业的平台、走道、斜道等应装设不低于 1.2m 高的护栏和 180mm 高的挡脚板。

45.

【题目出处】《国家电网有限公司严重违章释义》

【答案】ABC

【答案解析】特种设备作业人员、特种作业人员、危险化学品从业人员资格证书未按期复审。

46.

【题目出处】《国家电网有限公司严重违章释义》

【答案】BC

【答案解析】自制施工工器具未经检测试验合格。

释义：自制或改造起重滑车、卸扣、切割机、液压工器具、手扳（链条）葫芦、卡线器、吊篮等工器具，未经有资质的第三方检验机构检测试验，无试验合格证或试验合格报告。

47.

【题目出处】《国家电网有限公司严重违章释义》

【答案】BD

【答案解析】金属封闭式开关设备未按照国家、行业标准设计制造压力释放通道。

释义：

开关柜各高压隔室未安装泄压通道或压力释放装置。

48.

【题目出处】《国家电网有限公司严重违章释义》

【答案】ABC

【答案解析】设备无双重名称，或名称及编号不唯一、不正确、不清晰。

释义：

1. 设备无双重名称。

2. 线路无名称及杆号，同塔多回线路无双重称号。

3. 设备名称及编号、线路名称或双重称号不唯一、不正确、无法辨认。

49.

【题目出处】《国家电网有限公司严重违章释义》

【答案】CD

【答案解析】配电站、开闭所户外高压配电装置的裸露（含绝缘包裹）导电部分跨越人行过道或作业区时，对地高度不满足安全距离要求且底部和两侧未装设护网。

50.

【题目出处】《国家电网有限公司严重违章释义》

【答案】ABCD

【答案解析】电化学储能电站电池管理系统、消防灭火系统、可燃气体报警装置、通风装置未达到设计要求或故障失效。

51.

【题目出处】《国家电网有限公司严重违章释义》

【答案】AD

【答案解析】高边坡上下层垂直交叉作业中间未设置隔离防护棚或安全防护拦截网，并明确专人监护。

52.

【题目出处】《国家电网有限公司严重违章释义》

【答案】BCD

【答案解析】开挖深度较大的坡（壁）面，每下降 5m 未进行一次清坡、测量、检查；对断层、裂隙、破碎带等不良地质构造的高边坡，未按设计要求采取锚喷或加固等支护措施。

53.

【题目出处】《国家电网有限公司严重违章释义》

【答案】AB

【答案解析】未经本单位消防安全责任人（法人单位的法定代表人或者非法人单位的主要负责人）批准，擅自将自动灭火装置、火灾自动报警装置退出运行。

54.

【题目出处】《国家电网有限公司严重违章释义》

【答案】BCD

【答案解析】2. 工作票（含分票、工作任务单、动火票等）票面缺少工作许可人、工作负责人、工作票签发人、工作班成员（含新增人员）等签字信息；作业票缺少审核人、签发人、作业人员（含新增人员）等签字信息。

55.

【题目出处】《国家电网有限公司严重违章释义》

【答案】ABCD

【答案解析】4. 工作票（含分票、工作任务单、动火票、作业票等）票面防触电、防高坠、防倒（断）杆、防窒息等重要安全技术措施遗漏或错误。

56.

【题目出处】《国家电网有限公司严重违章释义》

【答案】BCD

【答案解析】作业人员擅自穿、跨越安全围栏、安全警戒线。

释义：作业人员擅自穿、跨越隔离检修设备与运行设备的遮栏（围栏）、高压试验现场围栏（安全警戒线）、人工挖孔基础作业孔口围栏等。

57.

【题目出处】《国家电网有限公司严重违章释义》

【答案】ABCD

【答案解析】起吊或牵引过程中，受力钢丝绳周围、上下方、内角侧和起吊物下面，有人逗留或通过。

58.

【题目出处】《国家电网有限公司严重违章释义》

【答案】CD

【答案解析】3. 紧线作业区段内有跨越、平行带电线路时，作业点两侧未可靠接地。

59.

【题目出处】《国家电网有限公司严重违章释义》

【答案】BD

【答案解析】动火作业前，未将盛有或盛过易燃易爆等化学危险物品的容器、设备、管道等生产、储存装置与生产系统隔离，未清洗置换，未检测可燃气体（蒸气）含量，或可燃气体（蒸气）含量不合格即动火作业。

60.

【题目出处】《国家电网有限公司严重违章释义》

【答案】ABC

【答案解析】

1. 动火作业前，未将盛有或盛过易燃易爆等化学危险物品（汽油、乙醇、乙炔、液化气体等《危险货物品名表》《危险化学品名录》所列化学危险物品）的容器、设备、管道等生产、储存装置与生产系统隔离，未清洗置换。

2. 动火作业前，未检测盛有或盛过易燃易爆等化学危险物品的容器、设备、管道等生产、储存装置的可燃气体（蒸气）含量。

3. 可燃气体（蒸气）含量高于《国家电网有限公司有限空间作业安全工作规定》附表 6-3 中常用可燃气体或蒸气爆炸下限。

61.

【题目出处】《国家电网有限公司严重违章释义》

【答案】ABCD

【答案解析】擅自倾倒、堆放、丢弃或遗撒危险化学品。

释义：

1. 未对危险化学品废弃物进行无害化处理。

2. 未采取防扬散、防流失、防渗漏或者其他防止污染环境的措施。

3. 擅自倾倒、堆放、丢弃或遗撒危险化学品。

62.

【题目出处】《国家电网有限公司严重违章释义》

【答案】BCD

【答案解析】2. 未采取防扬散、防流失、防渗漏或者其他防止污染环境的措施。

63.

【题目出处】《国家电网有限公司严重违章释义》

【答案】ABCD

【答案解析】2. 未按《国家电网有限公司施工项目部标准化管理手册》要求，填报、审查、批准和查阅施工策划文件、开（复）工及施工进度计划、关键管理人员、特种作业人员、特种设备、施工机械、工器具、安全防护用品、工程材料等相关工程文件及报审（检查）记录。

64.

【题目出处】《国家电网有限公司严重违章释义》

【答案】AD

【答案解析】高压业扩现场勘察未进行客户双签发；业扩报装设备未经验收，擅自接火送电。

65.

【题目出处】《国家电网有限公司严重违章释义》

【答案】AC

【答案解析】

1. 涉及多专业、多单位或多专业综合性的二级及以上风险作业，上级单位未成立由副总师以上领导担任负责人、相关单位或专业部门负责人参加的现场作业风险管控协调组。

2. 作业实施期间，现场作业风险管控协调组未常驻作业现场督导协调；未每日召开例会分析部署风险管控工作；未组织检查施工方案及现场风险管控措施落实情况。

66.

【题目出处】《国家电网有限公司严重违章释义》

【答案】AB

【答案解析】脚手架、跨越架搭设后未经使用单位（施工项目部）、监理单位验收合格，未挂验收牌，即投入使用。

67.

【题目出处】《国家电网有限公司严重违章释义》

【答案】ACD

【答案解析】监理单位及监理人员未执行《建设工程安全生产管理条例》第十四条规定（详见附件 6），现场存在违章应发现而未发现，有违章不制止、不报告、不记录。

68.

【题目出处】《国家电网有限公司严重违章释义》

【答案】ABC

【答案解析】

1. 电力监控系统作业开始前，未对作业人员进行身份鉴别和授权。
2. 电力监控系统上工作未使用专用的调试计算机及移动存储介质。
3. 调试计算机未与外网隔断、接入外网。

69.

【题目出处】《国家电网有限公司严重违章释义》

【答案】ABC

【答案解析】

1. 劳务分包单位自备施工机械设备或安全工器具。
2. 施工机械设备、安全工器具的采购、租赁或送检单位为劳务分包单位。
3. 合同约定由劳务分包单位提供施工机械设备或安全工器具。

70.

【题目出处】《国家电网有限公司严重违章释义》

【答案】ABCD

【答案解析】系统一次运行方式变更或在保护装置（含稳控装置）上进行工作时，未按规定变更硬（软）压板、空开、操作把手等运行状态。

71.

【题目出处】《国家电网有限公司严重违章释义》

【答案】ABCD

【答案解析】严重违章：监理单位和人员未通过安全生产风险管控平台准入，监理项目部关键岗位（总监、总监代表、安全监理、专业监理等）人员不具备《国家电网有限公司监理项目部标准化管理手册》规定的相应资格，总监理工程师兼任多个，总监理工程师兼任 2～3 个非特高压变电工程或总长未超过 50km 的非特高压。

72.

【题目出处】《国家电网有限公司严重违章释义》

【答案】ABCD

【答案解析】应拉断路器（开关）、应拉隔离开关（刀闸）、应拉熔断器、应合接地刀闸、作业现场装设的工作接地线未在工作票上准确登录；工作接地线未按票面要求准确登录安装位置、编号、挂拆时间等信息。

73.

【题目出处】《国家电网有限公司严重违章释义》

【答案】AD

【答案解析】涉及多专业、多单位或多专业综合性的二级及以上风险作业，上级单位未成立由副总师以上领导担任负责人、相关单位或专业部门负责人参加的现场作业风险管控协调组。

74.

【题目出处】《国家电网有限公司严重违章释义》

【答案】ABCD

【答案解析】2. 二、三级风险作业相关地市公司级单位或建设管理单位专业管理部门负责人或管理人员、县公司级单位负责人未到岗到位。

75.

【题目出处】《国家电网公司电力安全工作规程（配电部分）（试行）》

【答案】AD

【答案解析】6.1.2 挖坑时，应及时清除坑口附近浮土、石块，路面铺设材料和泥土应分别堆置，在堆置物堆起的斜坡上不得放置工具、材料等器物。

76.

【题目出处】《国家电网公司电力安全工作规程（配电部分）（试行）》

【答案】BCD

【答案解析】6.1.5 在下水道、煤气管线、潮湿地、垃圾堆或有腐质物等附近挖坑时，应设监护人。在挖深超过2m的坑内工作时，应采取安全措施，如戴防毒面具、向坑中送风和持续检测等。

77.

【题目出处】《国家电网公司电力安全工作规程（配电部分）（试行）》

【答案】ABD

【答案解析】9.2.3 在带电作业过程中，工作负责人发现或获知相关设备发生故障，应立即停止工作，撤离人员，并立即与值班调控人员或运维人员取得联系。

78.

【题目出处】《国家电网公司电力安全工作规程（配电部分）（试行）》

【答案】ABC

【答案解析】9.2.6 带电作业，应穿戴绝缘防护用具（绝缘服或绝缘披肩、绝缘袖套、绝缘手套、绝缘鞋、绝缘安全帽等）。

79.

【题目出处】《国家电网公司电力安全工作规程（配电部分）（试行）》

【答案】AD

【答案解析】9.3.4 带电断、接空载线路所接引线长度应适当，与周围接地构件、不同相带电体应有足够安全距离，连接应牢固可靠。

80.

【题目出处】《国家电网公司电力安全工作规程（配电部分）（试行）》

【答案】ACD

【答案解析】9.3.9 带电接入架空线路与空载电缆线路的连接引线之前，应确认电缆线路试验合格，对侧电缆终端连接完好，接地已拆除，并与负荷设备断开。

81.

【题目出处】《国家电网公司电力安全工作规程（配电部分）（试行）》

【答案】ABCD

【答案解析】9.4.1 用绝缘分流线或旁路电缆短接设备时，短接前应核对相位，载流设备应处于正常通流或合闸位置。断路器（开关）应取下跳闸回路熔断器，锁死跳闸机构。

82.

【题目出处】《国家电网公司电力安全工作规程（配电部分）（试行）》

【答案】CD

【答案解析】9.4.3 带负荷更换高压隔离开关（刀闸）、跌落式熔断器，安装绝缘分流线时应有防止高压隔离开关（刀闸）、跌落式熔断器意外断开的措施。

83.

【题目出处】《国家电网公司电力安全工作规程（配电部分）（试行）》

【答案】ABC

【答案解析】9.5.2 旁路电缆终端与环网柜（分支箱）连接前应进行外观检查，绝缘部件表面应清洁、干燥，无绝缘缺陷，并确认环网柜（分支箱）柜体可靠接地。

84.

【题目出处】《国家电网公司电力安全工作规程（配电部分）（试行）》

【答案】BD

【答案解析】9.6.2 作业时，杆根作业人员应穿绝缘靴、戴绝缘手套，起重设备操作人员应穿绝缘靴。起重设备操作人员在作业过程中不得离开操作位置。

85.

【题目出处】《国家电网公司电力安全工作规程（配电部分）（试行）》

【答案】ABC

【答案解析】9.8.2.1 带电作业工具应绝缘良好、连接牢固、转动灵活，并按厂家使用说明书、现场操作规程正确使用。

86.

【题目出处】《国家电网公司电力安全工作规程（配电部分）（试行）》

【答案】AB

【答案解析】9.8.2.3 运输过程中，带电绝缘工具应装在专用工具袋、工具箱或专用工具车内，以防受潮和损伤。发现绝缘工具受潮或表面损伤、脏污时，应及时处理并经试验或检测合格后方可使用。

87.

【题目出处】《国家电网公司电力安全工作规程（配电部分）（试行）》

【答案】ABCD

【答案解析】9.8.2.5 禁止使用有损坏、受潮、变形或失灵的带电作业装备、工具。

88.

【题目出处】《国家电网公司电力安全工作规程（配电部分）（试行）》

【答案】ABCD

【答案解析】10.1.2 继电保护装置、配电自动化装置、安全自动装置和仪表、自动化监控系统的二次回路变动时，应及时更改图纸，并按经审批后的图纸进行，工作前应隔离无用的接线，防止误拆或产生寄生回路。

89.

【题目出处】《国家电网公司电力安全工作规程（配电部分）（试行）》

【答案】AB

【答案解析】10.2.1 电流互感器和电压互感器的二次绕组应有一点且仅有一点永久性的、可靠的保护接地。工作中，禁止将回路的永久接地点断开。

90.

【题目出处】《国家电网公司电力安全工作规程（配电部分）（试行）》

【答案】BCD

【答案解析】10.2.4 二次回路通电或耐压试验前，应通知运维人员和其他有关人员，并派专人到现场看守，检查二次回路及一次设备上确无人工作后，方可加压。

91.

【题目出处】《国家电网公司电力安全工作规程（配电部分）（试行）》

【答案】BC

【答案解析】10.2.5 电压互感器的二次回路通电试验时，应将二次回路断开，并取下电压互感器高压熔断器或拉开电压互感器一次刀闸，防止由二次侧向一次侧反送电。

92.

【题目出处】《国家电网公司电力安全工作规程（配电部分）（试行）》

【答案】ABCD

【答案解析】10.3.4 工作中，需临时停用有关保护装置、配电自动化装置、安全自动装置或自动化监控系统，应向调度控制中心申请，经值班调控人员或运维人员同意，方可执行。

93.

【题目出处】《国家电网公司电力安全工作规程（配电部分）（试行）》

【答案】ABD

【答案解析】10.4.1 继电保护、配电自动化装置、安全自动装置及自动化监控系统做传动试验或一次通电或进行直流系统功能试验前，应通知运维人员和有关人员，并指派专人到现场监视后，方可进行。

94.

【题目出处】《国家电网公司电力安全工作规程（配电部分）（试行）》

【答案】ABC

【答案解析】10.4.1 继电保护、配电自动化装置、安全自动装置及自动化监控系统做传动试验或一次通电或进行直流系统功能试验前，应通知运维人员和有关人员，并指派专人到现场监视后，方可进行。

95.

【题目出处】《国家电网公司电力安全工作规程（配电部分）（试行）》

【答案】ABC

【答案解析】10.4.2 检验继电保护、配电自动化装置、安全自动装置和仪表、自动化监控系统和仪表的工作人员，不得操作运行中的设备、信号系统、保护压板。

96.

【题目出处】《国家电网公司电力安全工作规程（配电部分）（试行）》

【答案】ABC

【答案解析】11.1.1 高压试验不得少于两人，试验负责人应由有经验的人员担任。试验前，试验负责人应向全体试验人员交代工作中的安全注意事项，邻近间隔、线路设备的带电部位。

97.

【题目出处】《国家电网公司电力安全工作规程（配电部分）（试行）》

【答案】ABC

【答案解析】12.2.9 带电插拔肘型电缆终端接头时应使用绝缘操作棒并戴绝缘手套、护目镜。

98.

【题目出处】《国家电网公司电力安全工作规程（配电部分）（试行）》

【答案】ACD

【答案解析】12.2.12 使用携带型火炉或喷灯作业的安全措施：(2) 不得在带电导线、带电设备、变压器、油断路器（开关）附近以及在电缆夹层、隧道、沟洞内对火炉或喷灯加油、点火。

99.

【题目出处】《国家电网公司电力安全工作规程（配电部分）（试行）》

【答案】BD

【答案解析】12.2.13 制作环氧树脂电缆头和调配环氧树脂过程中，应采取防毒、防火措施。

100.

【题目出处】《国家电网公司电力安全工作规程（配电部分）（试行）》

【答案】AC

【答案解析】12.3.6 电缆故障声测定点时，禁止直接用手触摸电缆外皮或冒烟小洞。

（三）判断题（共 100 道）

1.

【题目出处】《变电现场作业风险管控实施细则》

【答案】错误

【答案解析】勘察原则：Ⅰ～Ⅲ级检修必须开展现场勘察，Ⅳ级、Ⅴ级检修根据作业内容必要时开展现场勘察。

2.

【题目出处】《变电现场作业风险管控实施细则》

【答案】错误

【答案解析】勘察原则：因停电计划变更、设备突发故障或缺陷等原因导致停电区域、作业内容、作业环境发生变化时，根据实际情况重新组织现场勘察。

3.

【题目出处】《变电现场作业风险管控实施细则》

【答案】错误

【答案解析】Ⅲ级检修方案由地市级单位设备管理部门组织编制，检修项目实施7日完成。地市级单位设备管理部门负责人组织审查，地市级单位设备管理部门批准，省公司设备部备案。

4.

【题目出处】《变电现场作业风险管控实施细则》

【答案】正确

【答案解析】Ⅲ级检修单个作业面的安全与质量管控难度低、作业人员相对集中，其检修方案可用“Ⅳ级、Ⅴ级检修方案+标准作业卡”替代。

5.

【题目出处】《变电现场作业风险管控实施细则》

【答案】正确

【答案解析】检修方案编写时，应参考“检修工序风险库”将作业过程中涉及的关键工序及管控措施覆盖全面，并在工作进度图中对高、中风险工序进行重点标注。

6.

【题目出处】《变电现场作业风险管控实施细则》

【答案】正确

【答案解析】严禁无方案作业。因停电计划临时变更、设备突发故障或缺陷等原因导致检修内容变化时，应结合实际内容补充完善检修方案，并重新履行审批流程。作业风险等级提级时，应按照新的作业风险等级履行方案编审批。

7.

【题目出处】《变电现场作业风险管控实施细则》

【答案】正确

【答案解析】Ⅲ级检修中涉及220千伏及以上设备A类、B类（核心部件3）的检修：地市级单位设备管理部门负责人或管理人员，县公司级单位负责人或管理人员应到岗到位，省公司设备部管理人员必要时到岗到位。

8.

【题目出处】《变电现场作业风险管控实施细则》

【答案】正确

【答案解析】管理人员应选择复杂运维操作、作业内容调整引起安全措施变更及Ⅰ级、Ⅱ级检修送电等关键环节到岗到位。高风险工序实施期间管理人员必须到岗到位。

9.

【题目出处】《国家电网有限公司严重违章释义》

【答案】错误

【答案解析】两个及以上专业、单位参与的改造、扩建、检修等综合性作业，未成立由上级单位领导任组长，相关部门、单位参加的现场作业风险管控协调组；现场作业风险管控协调组未常驻现场督导和协调风险管控工作。

10.

【题目出处】《国家电网有限公司严重违章释义》

【答案】错误

【答案解析】承包单位将其承包的工程分包给个人；施工总承包单位或专业承包单位将工程分包给不具备相应资质单位。属于管理违章。

11.

【题目出处】《国家电网有限公司严重违章释义》

【答案】错误

【答案解析】承包单位将其承包的工程分包给个人；施工总承包单位或专业承包单位将工程分包给不具备相应资质单位。为Ⅲ类严重违章。

12.

【题目出处】《国家电网有限公司严重违章释义》

【答案】正确

【答案解析】承发包双方未依法签订安全协议，未明确双方应承担的安全责任。

13.

【题目出处】《国家电网有限公司严重违章释义》

【答案】正确

【答案解析】将高风险作业定级为低风险。属于Ⅲ类严重违章。

14.

【题目出处】《国家电网有限公司严重违章释义》

【答案】正确

【答案解析】跨越带电线路展放导（地）线作业，跨越架、封网等安全措施均未采取。

15.

【题目出处】《国家电网有限公司严重违章释义》

【答案】错误

【答案解析】2. 盛装危险化学品的容器在净化处理前，更换原安全标签。

16.

【题目出处】《国家电网有限公司严重违章释义》

【答案】正确

【答案解析】3. 设备系统变动时，未在投运前对现场规程进行补充或对有关条文进行修订并通知设备运维人员。

17.

【题目出处】《国家电网有限公司严重违章释义》

【答案】正确

【答案解析】4. 在一次设备送电前，未组织检查保护装置（含稳控装置）运行状态，保护装置（含稳控装置）异常告警。

18.

【题目出处】《国家电网有限公司严重违章释义》

【答案】错误

【答案解析】2. 新进、转岗和离岗 3 个月以上电气作业人员，未经安全教育培训，并经考试合格上岗。

19.

【题目出处】《国家电网有限公司严重违章释义》

【答案】错误

【答案解析】特种设备使用单位未向特种设备安全监督管理部门办理使用登记，未取得使用登记证书。属于Ⅲ类严重违章。

20.

【题目出处】《国家电网有限公司严重违章释义》

【答案】正确

【答案解析】2. 特种设备超期未检验或检验不合格。

21.

【题目出处】《国家电网有限公司严重违章释义》

【答案】错误

【答案解析】自制或改造起重滑车、卸扣、切割机、液压工器具、手扳（链条）葫芦、卡线器、吊篮等工器具，未经有资质的第三方检验机构检测试验，无试验合格证或试验合格报告。

22.

【题目出处】《国家电网有限公司严重违章释义》

【答案】错误

【答案解析】非旁路作业时，带负荷断、接引线。属于Ⅲ类严重违章。

23.

【题目出处】《国家电网有限公司严重违章释义》

【答案】正确

【答案解析】货运索道载人。属于Ⅱ类严重违章。

24.

【题目出处】《国家电网有限公司严重违章释义》

【答案】错误

【答案解析】没有资质的单位或个人借用其他施工单位的资质承揽工程；有资质的施工单位相互借用资质承揽工程。属于Ⅱ类严重违章。

25.

【题目出处】《国家电网有限公司严重违章释义》

【答案】错误

【答案解析】电化学储能电站电池管理系统、消防灭火系统、可燃气体报警装置、通风装置未达到设计要求或故障失效。属于管理违章。

26.

【题目出处】《国家电网有限公司严重违章释义》

【答案】错误

【答案解析】继电保护、直流控保、稳控装置等定值计算、调试错误，误动、误碰、误（漏）接线。属于Ⅱ类严重违章。

27.

【题目出处】《国家电网有限公司严重违章释义》

【答案】错误

【答案解析】3. 开挖深度较大的坡（壁）面，每下降5m未进行一次清坡、测量、检查；对断层、裂隙、破碎带等不良地质构造的高边坡，未按设计要求采取锚喷或加固等支护措施。

28.

【题目出处】《国家电网有限公司严重违章释义》

【答案】错误

【答案解析】平衡挂线时，在同一相邻耐张段的同相导线上进行其他作业。

29.

【题目出处】《国家电网有限公司严重违章释义》

【答案】正确

【答案解析】未经本单位消防安全责任人（法人单位的法定代表人或者非法人单位的主要负责人）批准，擅自将自动灭火装置、火灾自动报警装置退出运行。

30.

【题目出处】《国家电网有限公司严重违章释义》

【答案】错误

【答案解析】6. 操作票发令、操作开始、操作结束时间以及工作票（含分票、工作任务单、动火票、作业票等）签发、许可、计划开工、结束时间存在逻辑错误或与实际不符。属于Ⅲ类严重违章。

31.

【题目出处】《国家电网有限公司严重违章释义》

【答案】正确

【答案解析】重要工序、关键环节作业未按施工方案或规定程序开展作业；作业人员未经批准擅自改变已设置的安全措施。属于行为违章。

32.

【题目出处】《国家电网有限公司严重违章释义》

【答案】错误

【答案解析】5. 在油罐区、注油设备、电缆间、计算机房、换流站阀厅等防火重点部位（场所）以及政府部门、本单位划定的禁止明火区动火作业时，未使用动火票。属于Ⅰ类严重违章。

33.

【题目出处】《国家电网有限公司严重违章释义》

【答案】错误

【答案解析】货运索道超载使用。属于Ⅲ类严重违章。

34.

【题目出处】《国家电网有限公司严重违章释义》

【答案】错误

【答案解析】工作票（包括作业票、动火票等）票种使用错误。属于行为违章。

35.

【题目出处】《国家电网有限公司严重违章释义》

【答案】错误

【答案解析】使用金具U型环代替卸扣；使用普通材料的螺栓取代卸扣销轴。

36.

【题目出处】《国家电网有限公司严重违章释义》

【答案】正确

【答案解析】放线区段有跨越、平行输电线路时，导（地）线或牵引绳未采取接地措施。属于Ⅲ类严重违章。

37.

【题目出处】《国家电网有限公司严重违章释义》

【答案】正确

【答案解析】3. 工作票（含分票、工作任务单、动火票等）票面线路名称（含同杆多回线路双重称号）、设备双重名称填写错误；作业中工作票延期、工作负责人变更、作业人员变动等未在票面上准确记录。属于Ⅲ类严重违章。

38.

【题目出处】《国家电网有限公司严重违章释义》

【答案】正确

【答案解析】动火作业前，未将盛有或盛过易燃易爆等化学危险物品的容器、设备、管道等生产、储存装置与生产系统隔离，未清洗置换，未检测可燃气体（蒸汽）含量，或可燃气体（蒸汽）含量不合格即动火作业。

39.

【题目出处】《国家电网有限公司严重违章释义》

【答案】错误

【答案解析】2. 作业现场民用爆炸物品临时存放点安全保卫措施不符合

《民用爆炸物品安全管理条例》《爆破安全规程》《国家电网有限公司民用爆炸物品安全管理工作规范》等规定要求。属于行为违章。

40.

【题目出处】《国家电网有限公司严重违章释义》

【答案】正确

【答案解析】擅自倾倒、堆放、丢弃或遗撒危险化学品。属于Ⅲ类严重违章。

41.

【题目出处】《国家电网有限公司严重违章释义》

【答案】正确

【答案解析】非旁路作业时，带负荷断、接引线。

42.

【题目出处】《国家电网有限公司严重违章释义》

【答案】错误

【答案解析】在运行站内使用吊车、高空作业车、挖掘机等大型机械开展作业，未经设备运维单位批准即改变施工方案规定的工作内容、工作方式等。

43.

【题目出处】《国家电网有限公司严重违章释义》

【答案】错误

【答案解析】（2）较大（二、三级）作业风险管控措施应由地市级单位专业管理部门组织审核，工程施工作业由业主（监理）项目部审核。

44.

【题目出处】《国家电网有限公司严重违章释义》

【答案】正确

【答案解析】3. 起吊精密物件、不易吊装的大件或在复杂场所（人员密集区、场地受限或存在障碍物）进行大件吊装。

4. 起重机械在临近带电区域作业。

45.

【题目出处】《国家电网有限公司严重违章释义》

【答案】错误

【答案解析】2. 未经供电单位验收合格的客户受电工程擅自接（送）电。

属于行为违章。

46.

【题目出处】《国家电网有限公司严重违章释义》

【答案】错误

【答案解析】4. 现场勘察记录缺少与作业相关的临近带电体、交叉跨越、周边环境、地形地貌、土质、临边等安全风险。属于Ⅲ类严重违章。

47.

【题目出处】《国家电网有限公司严重违章释义》

【答案】错误

【答案解析】脚手架、跨越架搭设后未经使用单位（施工项目部）、监理单位验收合格，未挂验收牌，即投入使用。

48.

【题目出处】《国家电网有限公司严重违章释义》

【答案】正确

【答案解析】对“超过一定规模的危险性较大的分部分项工程”（含大修、技改等项目），未组织编制专项施工方案（含安全技术措施），未按规定论证、审核、审批、交底及现场监督实施。

49.

【题目出处】《国家电网有限公司严重违章释义》

【答案】正确

【答案解析】一级风险作业，相关地市公司级单位或建设管理单位副总师及以上领导未到岗到位；省公司级单位专业管理部门未到岗到位。

50.

【题目出处】《国家电网有限公司严重违章释义》

【答案】错误

【答案解析】电力监控系统作业过程中，未经授权，接入非专用调试设备，或调试计算机接入外网。属于Ⅲ类严重违章。

51.

【题目出处】《国家电网有限公司严重违章释义》

【答案】错误

【答案解析】劳务分包单位自备施工机械设备或安全工器具。

52.

【题目出处】《国家电网有限公司严重违章释义》

【答案】错误

【答案解析】施工方案由劳务分包单位编制。

53.

【题目出处】《国家电网有限公司严重违章释义》

【答案】正确

【答案解析】监理单位、监理项目部、监理人员不履责。

54.

【题目出处】《国家电网有限公司严重违章释义》

【答案】错误

【答案解析】安全风险管控平台上的作业开工状态与实际不符；作业现场未布设与安全风险管控平台作业计划绑定的视频监控设备，或视频监控设备未开机、未拍摄现场作业内容。属于管理违章。

55.

【题目出处】《国家电网有限公司严重违章释义》

【答案】正确

【答案解析】应拉断路器（开关）、应拉隔离开关（刀闸）、应拉熔断器、应合接地刀闸、作业现场装设的工作接地线未在工作票上准确登录；工作接地线未按票面要求准确登录安装位置、编号、挂拆时间等信息。

56.

【题目出处】《国家电网有限公司严重违章释义》

【答案】正确

【答案解析】高压带电作业未穿戴绝缘手套等绝缘防护用具；高压带电断、接引线或带电断、接空载线路时未戴护目镜。

57.

【题目出处】《国家电网有限公司严重违章释义》

【答案】正确

【答案解析】2. 起重机车轮、支腿或履带的前端、外侧与沟、坑边缘的距离小于沟、坑深度的 1.2 倍时，未采取防倾倒、防坍塌措施。

58.

【题目出处】《国家电网有限公司严重违章释义》

【答案】正确

【答案解析】链条葫芦、手扳葫芦、吊钩式滑车等装置的吊钩和起重作业使用的吊钩无防止脱钩的保险装置。

59.

【题目出处】《国家电网有限公司严重违章释义》

【答案】错误

【答案解析】2. 跨越不停电线路时，跨越档两端的导线未接地。

60.

【题目出处】《国家电网有限公司严重违章释义》

【答案】正确

【答案解析】2. 更换绝缘子串和移动导线作业过程中，采用单吊（拉）线装置时，未设置防导线脱落的后备保护措施。

61.

【题目出处】《国家电网有限公司严重违章释义》

【答案】正确

【答案解析】作业现场被查出一般违章后，未通过整改核查擅自恢复作业。

62.

【题目出处】《国家电网有限公司严重违章释义》

【答案】错误

【答案解析】三级及以上风险作业管理人员（含监理人员）未到岗到位进行管控。属于行为违章。

63.

【题目出处】《国家电网有限公司严重违章释义》

【答案】正确

【答案解析】作业现场视频监控终端无存储卡或不满足存储要求。

释义：

1. 作业现场视频监控终端无存储卡。

2. 作业现场视频终端存储功能不满足以下要求：

（1）存储卡容量不低于 256G；

（2）具备终端开关机、视频读写等信息记录功能，并能够回传安全生产风险管控平台。

64.

【题目出处】《国家电网有限公司严重违章释义》

【答案】错误

【答案解析】在电容性设备检修前未放电并接地，或结束后未充分放电；高压试验变更接线或试验结束时未将升压设备的高压部分放电、短路接地。

65.

【题目出处】《国家电网有限公司严重违章释义》

【答案】正确

【答案解析】2. 作业现场存在重大事故隐患被政府安全监管部门要求停止施工、停止使用有关设备、设施、场所或者立即采取排除危险的整改措施，而未执行的。

66.

【题目出处】《国家电网有限公司严重违章释义》

【答案】正确

【答案解析】作业现场存在《国家电网有限公司重大、较大安全隐患排查清单》所列重大安全隐患而不排除，冒险组织作业。

67.

【题目出处】《国家电网有限公司严重违章释义》

【答案】错误

【答案解析】建设单位将工程发包给个人或不具有相应资质的单位。

释义：

1. 建设单位将工程发包给自然人。

2. 承包单位不具备有效的（虚假、收缴或吊销）营业执照和法人代表资格证书，不具备建设主管部门和电力监管部门颁发的有效的（超资质许可范围，业务资质虚假、注销或撤销）业务资质证书，不具备有效的（冒用或者伪造、超许可范围、超有效期）安全资质证书（安全生产许可证）。

3. 建设单位将工程发包给列入负面清单、黑名单或限制参与投标的单位。

68.

【题目出处】《国家电网有限公司严重违章释义》

【答案】错误

【答案解析】3. 建设单位将工程发包给列入负面清单、黑名单或限制参与投标的单位。属于Ⅰ类严重违章。

69.

【题目出处】《国家电网有限公司严重违章释义》

【答案】错误

【答案解析】使用达到报废标准的或超出检验期的安全工器具。

释义：使用的个体防护装备、绝缘安全工器具、登高工器具等专用工具和器具存在以下问题：

1. 外观检查明显损坏或零部件缺失影响工器具防护功能；

2. 超过有效使用期限；

3. 试验或检验结果不符合国家或行业标准；

4. 超出检验周期或检验时间涂改、无法辨认；

5. 无有效检验合格证或检验报告。

70.

【题目出处】《国家电网有限公司严重违章释义》

【答案】正确

【答案解析】使用达到报废标准的或超出检验期的安全工器具。属于Ⅰ类严重违章。

71.

【题目出处】《国家电网有限公司严重违章释义》

【答案】错误

【答案解析】在互感器二次回路上工作，未采取防止电流互感器二次回路开路，电压互感器二次回路短路的措施。属于Ⅲ类严重违章。

72.

【题目出处】《国家电网有限公司严重违章释义》

【答案】错误

【答案解析】5. 专责监护人长时间离开作业现场时，未由工作负责人变更专责监护人。

73.

【题目出处】《国家电网有限公司严重违章释义》

【答案】错误

【答案解析】3. 在客户侧营销现场作业，未经供电方许可人和客户方许可人共同对工作票或现场作业工作卡进行许可。

74.

【题目出处】《国家电网有限公司严重违章释义》

【答案】错误

【答案解析】5. 在油罐区、注油设备、电缆间、计算机房、换流站阀厅等防火重点部位（场所）以及政府部门、本单位划定的禁止明火区动火作业时，未使用动火票。

75.

【题目出处】《国家电网有限公司严重违章释义》

【答案】错误

【答案解析】5. 操作票票面发令人、受令人、操作人员、监护人员等漏填或漏签。操作设备双重名称，拉合开关、刀闸的顺序以及位置检查、验电、装拆接地线（拉合接地刀闸）、投退保护压板（软压板）等关键内容遗漏或错误；操作确认记录漏项、跳项。属于Ⅲ类严重违章。

76.

【题目出处】《国家电网有限公司严重违章释义》

【答案】正确

【答案解析】7. 票面（包括作业票、工作票及分票、动火票、操作票等）双重名称、编号或时间涂改。属于Ⅲ类严重违章。

77.

【题目出处】《国家电网有限公司严重违章释义》

【答案】错误

【答案解析】2. 原工作票增加工作任务需变更或增设安全措施时，未重新办理新的工作票，并履行签发、许可手续。

78.

【题目出处】《国家电网有限公司严重违章释义》

【答案】正确

【答案解析】2. 运行线路设备拆除后，带电部分未处理。属于Ⅲ类严重违章。

79.

【题目出处】《国家电网有限公司严重违章释义》

【答案】错误

【答案解析】2. 工作地段各端和工作地段内有可能反送电的各分支线（包括用户）未在正确位置装设接地线（接地刀闸）。

80.

【题目出处】《国家电网有限公司严重违章释义》

【答案】正确

【答案解析】3. 作业人员擅自移动或拆除接地线（接地刀闸）。

81.

【题目出处】《变电现场作业风险管控实施细则》

【答案】正确

【答案解析】勘察记录：现场勘察完成后，应采用文字、图片或影像等方式规范填写勘察记录，明确停电范围、保留带电设备、作业现场环境、危险点及预控措施等关键要素，为检修方案编制提供依据。

82.

【题目出处】《变电现场作业风险管控实施细则》

【答案】错误

【答案解析】Ⅰ级检修方案由省公司设备部组织编制，检修项目实施前15日完成。

83.

【题目出处】《变电现场作业风险管控实施细则》

【答案】错误

【答案解析】Ⅴ级检修方案由班组组织编制，检修项目实施前3日完成。县公司级单位管理人员组织审查，县公司级单位批准。

84.

【题目出处】《变电现场作业风险管控实施细则》

【答案】错误

【答案解析】Ⅳ级检修方案由县公司级单位组织编制，检修项目实施前3

日完成。县公司级单位负责人组织审查，县公司级单位批准，地市级单位设备管理部门备案。

85.

【题目出处】《变电倒闸现场作业风险管控实施细则》

【答案】正确

【答案解析】按倒闸操作任务及范围，分为全站停送电、新设备启动投运、母线停复役、主变或线路旁路代、倒母线、变压器停复役、线路停复役、开关停复役、开关柜停复役、电容器停复役、电抗器停复役、电压互感器停复役、站用电停复役、保护投退等 14 类操作任务，编制倒闸操作风险基础分级表（详见附录 1），用于指导倒闸操作作业风险差异化管控工作。

86.

【题目出处】《直流倒闸现场作业风险管控实施细则》

【答案】错误

【答案解析】聚焦倒闸操作实施的时间段和环境因素，针对时间和环境对人精神状态的影响程度，对倒闸操作任务进行风险综合评价。每日 00:00 至 05:00 进行倒闸操作，或雷雨、8 级及以上大风或冰雪等恶劣天气必须进行倒闸操作时，相应操作风险评级提升一个风险等级。同类作业对应的故障抢修，其风险等级提级。

87.

【题目出处】《国家电网有限公司进一步加强生产现场作业风险管控重点措施》

【答案】正确

【答案解析】完善风险防控机制。构建总部、省公司、超高压（地市）公司三级生产管控体系，规范运作超高压公司生产管控中心，因地制宜建设地市公司生产管控中心，开展检修计划执行、风险防控措施落实、现场作业安全保障等常态化监督；全面落实现场“五级五控”，强化现场作业的关键环节管控，形成“点面”结合、“远近”互补的防控机制。

88.

【题目出处】《直流现场作业风险管控实施细则》

【答案】正确

【答案解析】业务数字化，建立统一的标准规范，打造面向换流站运检全业务的移动集成应用，贯通业务系统数据，实现班组减负和提质增效。

89.

【题目出处】《直流现场作业风险管控实施细则》

【答案】错误

【答案解析】检修计划统筹，协同调度、基建部门落实检修计划“八项统筹”要求，严格执行集中检修，降低作业管控风险，提升检修计划利用率。

90.

【题目出处】《直流现场作业风险管控实施细则》

【答案】正确

【答案解析】检修模式优化，按照“化零为整、化整为零、先降后控”原则，统筹开展全停检修、不停检修和陪停检修，降低集中检修风险。

91.

【题目出处】《直流现场作业风险管控实施细则》

【答案】正确

【答案解析】关键区域智能巡视，综合应用全自动巡检、图像监控等系统，实现换流变、阀厅区域远程智能巡检系统人工替代，从而降低人员强度和作业风险。

92.

【题目出处】《直流现场作业风险管控实施细则》

【答案】错误

【答案解析】离线测试在线替代，在直流现场作业中利用绝缘油在线监测系统、红外测温系统等在线监测系统监测结果，替代部分人工离线作业，降低人工试验频次。

93.

【题目出处】《直流现场作业风险管控实施细则》

【答案】错误

【答案解析】故障抢修方案应按照相应风险等级要求组织编审批，抢修工作开始前完成。

94.

【题目出处】《直流现场作业风险管控实施细则》

【答案】正确

【答案解析】方案的编制应综合考虑现场作业的复杂程度，综合考虑各类危险点并提出应对措施，包括停电主设备安全防护、作业关键点及施工工序、作业人员种类及交叉管控措施、各施工单位协作沟通机制、临近带电设备隔离措施等。

95.

【题目出处】《直流现场作业风险管控实施细则》

【答案】错误

【答案解析】Ⅰ～Ⅲ级检修应包括编制依据、工作内容、组织措施、安全措施、技术措施、物资采购保障措施、进度控制保障措施、检修验收要求等内容。对于多作业面同时开展或涉及重大项目的检修，必要时按作业面或重大项目分别编制专项方案，作为附件与检修方案一起审批。

96.

【题目出处】《直流现场作业风险管控实施细则》

【答案】错误

【答案解析】检修方案编写时，应参考《检修工序风险库》将涉及的关键工序及管控措施覆盖全面，并在每日工作安排中重点突出。

97.

【题目出处】《直流现场作业风险管控实施细则》

【答案】正确

【答案解析】在直流现场作业中杜绝无方案作业，因停电计划临时变更、设备突发故障或缺陷等原因导致检修内容变化时，应结合实际内容补充完善检修方案，并履行审批流程。作业风险等级提级时，应按照新的作业风险等级履行方案编审批。

98.

【题目出处】《直流现场作业风险管控实施细则》

【答案】正确

【答案解析】Ⅴ级检修：换流站管理人员必要时到岗到位。

99.

【题目出处】《直流现场作业风险管控实施细则》

【答案】正确

【答案解析】检修人员应严格持卡标准作业，加强工序执行过程和检修试验数据的记录，确保检修范围内的设备“应修必修”。

100.

【题目出处】《直流现场作业风险管控实施细则》

【答案】正确

【答案解析】落实“双准入”要求，加强外包人员入场核查，严格执行外包作业“双勘察”“双交底”“双签发”。

（四）填空题（共80道）

1.

【题目出处】《国家电网有限公司进一步加强生产现场作业风险管控重点措施》

【答案】“一表一库”；“五级五控”

【答案解析】落实公司安全生产工作部署，深刻吸取近年来安全事故教训，聚焦人身风险，综合考虑设备、电网风险，坚持“源头防范、分级管控”，推行“一表一库”（作业风险分级表和检修工序风险库），结合三级生产管控中心建设，构建生产现场作业“五级五控”风险防控体系。

2.

【题目出处】《直流现场作业风险管控实施细则》

【答案】二次隔离

【答案解析】根据检修实施进度，按日落实二次隔离措施、带电区域隔离安措、高风险作业工序等，动态调整现场到岗到位和远程督查安排。

3.

【题目出处】《直流现场作业风险管控实施细则》

【答案】领导小组

【答案解析】直流现场作业中Ⅰ、Ⅱ级检修应每日召开例会进行日管控，由换流站运维管理部门、各作业面负责人参加，对当日工作进行全面点评，对次日工作进行全面安排，对主要问题进行集中决策，形成日报并报领导小组。

4.

【题目出处】《直流现场作业风险管控实施细则》

【答案】应急抢修准备

【答案解析】加强在运设备运维，严格落实检修期间“电网运行风险预警通知单”相关运维保障措施要求，加强在运一、二次设备特巡特护，并做好应急抢修准备。

5.

【题目出处】《直流现场作业风险管控实施细则》

【答案】二次回路隔离

【答案解析】强化隔离措施落实，重点加强Ⅰ、Ⅱ级检修作业现场安措布置管理，做好二次回路隔离、网络隔离、控保系统软件隔离，落实临电设备物理硬隔离措施。

6.

【题目出处】《直流现场作业风险管控实施细则》

【答案】能控、在控

【答案解析】指定专人，每日开展隔离措施现场核查，确保电网风险能控、在控。

7.

【题目出处】《直流现场作业风险管控实施细则》

【答案】隐蔽工程、高风险工序

【答案解析】检修工作全部完成后以及隐蔽工程、高风险工序等关键环节阶段性完成后，作业班组应及时开展自验收，自验收合格后申请所属运维单位验收。

8.

【题目出处】《直流现场作业风险管控实施细则》

【答案】超高压公司（直流公司）设备管理部门

【答案解析】各级设备管理部门按照作业风险分级开展验收工作监督，其中Ⅰ、Ⅱ级检修由省公司设备部选派专业技术人员参加，Ⅲ～Ⅴ级检修由超高压公司（直流公司）设备管理部门选派专业技术人员参加。

9.

【题目出处】《直流现场作业风险管控实施细则》

【答案】一个检修周期

【答案解析】Ⅰ、Ⅱ级检修验收前，应根据规程规范要求、设备说明书、标准作业卡、检修方案等编制验收标准作业卡，验收完成后编制验收报告。验收人员应在验收报告或标准作业卡（Ⅲ～Ⅴ级验收）的“执行评价”栏中记录验收情况并签字，验收资料至少保留一个检修周期。

10.

【题目出处】《直流现场作业风险管控实施细则》

【答案】15 日

【答案解析】Ⅰ、Ⅱ级检修总结报告由省公司设备部组织超高压公司（直流公司）编制，检修项目竣工后 15 日内完成，30 日内报送国网设备部备案。

11.

【题目出处】《直流现场作业风险管控实施细则》

【答案】15 日内

【答案解析】Ⅲ级检修总结报告由超高压公司（直流公司）设备管理部门组织换流站编制，检修项目竣工后 7 日内完成，15 日内报送省公司设备部备案。

12.

【题目出处】《直流现场作业风险管控实施细则》

【答案】Ⅰ、Ⅱ级

【答案解析】国网设备部每年对Ⅰ、Ⅱ级检修管理要求的落实情况进行检查考核。

13.

【题目出处】《直流现场作业风险管控实施细则》

【答案】本单位各级检修

【答案解析】超高压公司（直流公司）设备管理部门每年对本单位各级检修的管理要求落实情况进行检查考核。

14.

【题目出处】《直流现场作业风险管控实施细则》

【答案】陪停检修

【答案解析】建立提升跨区直流系统能量可用率工作的奖惩机制，鼓励“陪停检修”，对工作表现突出、充分结合停电开展工作提升跨区直流系设备安全水平和能量可用率的给予表彰和奖励；对工作落实不到位造成跨区直流系统重复停电、能量可用率降低的应通报批评。

15.

【题目出处】《直流现场作业风险管控实施细则》

【答案】资料评审与现场检查相结合

【答案解析】检查考核采用资料评审与现场检查相结合的方式开展。检查考核内容包括检修质量、检修计划和方案、标准化作业等，重点关注作业风险分级是否准确、安全管控措施是否有效、到岗到位要求是否落实。

16.

【题目出处】《直流现场作业风险管控实施细则》

【答案】五级五控

【答案解析】通过检查考核，督促各单位严格落实检修管理要求，结合实际执行情况对“五级五控”风险管控体系进行完善，推动现场作业风险管控水平不断提升。

17.

【题目出处】《国家电网有限公司严重违章释义》

【答案】重大事故隐患

【答案解析】存在重大事故隐患而不排除，冒险组织作业；存在重大事故隐患被要求停止施工、停止使用有关设备、设施、场所或者立即采取排除危险的整改措施，而未执行的。

18.

【题目出处】《变电现场作业风险管控实施细则》

【答案】项目内容、停电范围和停电时间

【答案解析】勘察原则：作业环境复杂、高风险工序多的检修，还应在项目立项、检修计划申报前开展前期勘察，确保项目内容、停电范围和停电时间的准确性。

19.

【题目出处】《变电现场作业风险管控实施细则》

【答案】作业风险及预控措施

【答案解析】勘察内容：现场勘察时，应仔细核对检修设备台账，核查设备运行状况及存在缺陷，梳理技改大修、隐患治理等任务要求，分析现场作业风险及预控措施，并对作业风险分级的准确性进行复核。涉及特种车辆作业时，还应明确车辆行驶路线、作业位置、作业边界等内容。

20.

【题目出处】《变电现场作业风险管控实施细则》

【答案】实施前

【答案解析】Ⅰ级检修方案由省公司设备部组织编制，检修项目实施前 15 日完成。省公司分管领导组织审查，国网设备部、分部生技部、总部管控中心参与审核把关，省公司批准。

21.

【题目出处】《变电现场作业风险管控实施细则》

【答案】安全措施

【答案解析】Ⅰ～Ⅲ级检修方案应包括编制依据、工作内容、组织措施、安全措施、技术措施、物资采购保障措施、进度控制保障措施、检修验收要求等内容。多作业面同时开展或涉及重大项目的检修，必要时按作业面或重大项目分别编制专项方案，作为附件与检修方案共同审批。

22.

【题目出处】《变电现场作业风险管控实施细则》

【答案】分别编制

【答案解析】Ⅰ～Ⅲ级检修方案应包括编制依据、工作内容、组织措施、安全措施、技术措施、物资采购保障措施、进度控制保障措施、检修验收要求等内容。多作业面同时开展或涉及重大项目的检修，必要时按作业面或重大项目分别编制专项方案，作为附件与检修方案共同审批。

23.

【题目出处】《变电现场作业风险管控实施细则》

【答案】停电范围

【答案解析】Ⅳ级、Ⅴ级检修方案应包括项目内容、人员分工、停电范围、备品备件及工机具等内容。

24.

【题目出处】《变电倒闸现场作业风险管控实施细则》

【答案】倒闸操作风险基础等级

【答案解析】将倒闸操作任务进行分类，对每类操作任务，基于风险库，综合考虑倒闸操作任务的操作复杂度、人身和设备风险、操作对电网影响等风险评价因素，确定倒闸操作风险基础等级。

25.

【题目出处】《变电倒闸现场作业风险管控实施细则》

【答案】提级管控

【答案解析】在各类倒闸操作任务基础风险定级基础上，综合考虑电网风险、设备风险、新设备启动、时间和环境风险四个风险因素具体情况，对倒闸操作作业风险进行提级管控。

26.

【题目出处】《变电倒闸现场作业风险管控实施细则》

【答案】倒闸操作范围内

【答案解析】勘察内容。勘察人员应认真核对倒闸操作范围内设备设施运行状态、隐患、缺陷、保护及安全自动装置（压板）投退范围等信息。

27.

【题目出处】《变电倒闸现场作业风险管控实施细则》

【答案】特殊运行方式

【答案解析】勘察记录。应将特殊运行方式、设备特殊状态、存在的隐患或缺陷等记录清楚。

28.

【题目出处】《变电倒闸现场作业风险管控实施细则》

【答案】一表一库

【答案解析】工作内容：到岗到位人员应检查倒闸操作风险管控“一表一库”应用情况，检查倒闸操作正确性、组织措施、技术措施和安全措施完备性，倒闸操作内容和作业计划的一致性、标准作业开展情况等，督导多专业、多单位工作协同情况。

29.

【题目出处】《变电倒闸现场作业风险管控实施细则》

【答案】远程督查

【答案解析】实施原则。按照分层分级原则实施，省公司运检管控中心应对Ⅰ级、Ⅱ级倒闸操作风险进行远程督查，地市公司级单位运检管控中心应重点对本公司所辖Ⅰ至Ⅲ级倒闸操作风险进行远程督查，对Ⅳ、Ⅴ级倒闸操作风险进行抽查。

30.

【题目出处】《国家电网公司电力安全工作规程配电部分》

【答案】分别堆置

【答案解析】6.1.2 挖坑时，应及时清除坑口附近浮土、石块，路面铺设材料和泥土应分别堆置，在堆置物堆起的斜坡上不得放置工具、材料等器物。

31.

【题目出处】《国家电网公司电力安全工作规程（配电部分）（试行）》

【答案】监护人

【答案解析】6.1.5 在下水道、煤气管线、潮湿地、垃圾堆或有腐质物等附近挖坑时，应设监护人。在挖深超过2m的坑内工作时，应采取安全措施，如戴防毒面具、向坑中送风和持续检测等。

32.

【题目出处】《国家电网公司电力安全工作规程（配电部分）（试行）》

【答案】安全措施

【答案解析】6.1.5 在下水道、煤气管线、潮湿地、垃圾堆或有腐质物等附近挖坑时，应设监护人。在挖深超过2m的坑内工作时，应采取安全措施，如戴防毒面具、向坑中送风和持续检测等。

33.

【题目出处】《国家电网公司电力安全工作规程（配电部分）（试行）》

【答案】停止工作

【答案解析】9.2.3 在带电作业过程中，工作负责人发现或获知相关设备发生故障，应立即停止工作，撤离人员，并立即与值班调控人员或运维人员取得联系。

34.

【题目出处】《国家电网公司电力安全工作规程（配电部分）（试行）》

【答案】绝缘防护用具

【答案解析】9.2.6 带电作业，应穿戴绝缘防护用具（绝缘服或绝缘披肩、绝缘袖套、绝缘手套、绝缘鞋、绝缘安全帽等）。

35.

【题目出处】《国家电网公司电力安全工作规程（配电部分）（试行）》

【答案】足够安全距离

【答案解析】9.3.4 带电断、接空载线路所接引线长度应适当，与周围接地构件、不同相带电体应有足够安全距离，连接应牢固可靠。

36.

【题目出处】《国家电网公司电力安全工作规程（配电部分）（试行）》

【答案】电缆线路

【答案解析】9.3.9 带电接入架空线路与空载电缆线路的连接引线之前，应确认电缆线路试验合格，对侧电缆终端连接完好，接地已拆除，并与负荷设备断开。

37.

【题目出处】《国家电网公司电力安全工作规程（配电部分）（试行）》

【答案】正常通流或合闸位置

【答案解析】9.4.1 用绝缘分流线或旁路电缆短接设备时，短接前应核对相位，载流设备应处于正常通流或合闸位置。断路器（开关）应取下跳闸回路熔断器，锁死跳闸机构。

38.

【题目出处】《国家电网公司电力安全工作规程（配电部分）（试行）》

【答案】防止高压隔离

【答案解析】9.4.3 带负荷更换高压隔离开关（刀闸）、跌落式熔断器，安装绝缘分流线时应有防止高压隔离开关（刀闸）、跌落式熔断器意外断开的措施。

39.

【题目出处】《国家电网公司电力安全工作规程（配电部分）（试行）》

【答案】外观检查

【答案解析】9.5.2 旁路电缆终端与环网柜（分支箱）连接前应进行外观检查，绝缘部件表面应清洁、干燥，无绝缘缺陷，并确认环网柜（分支箱）柜体可靠接地。

40.

【题目出处】《国家电网公司电力安全工作规程（配电部分）（试行）》

【答案】绝缘靴

【答案解析】9.6.2 作业时，杆根作业人员应穿绝缘靴、戴绝缘手套，起重设备操作人员应穿绝缘靴。起重设备操作人员在作业过程中不得离开操作位置。

41.

【题目出处】《国家电网公司电力安全工作规程（配电部分）（试行）》

【答案】操作规程

【答案解析】9.8.2.1 带电作业工具应绝缘良好、连接牢固、转动灵活，并按厂家使用说明书、现场操作规程正确使用

42.

【题目出处】《国家电网公司电力安全工作规程（配电部分）（试行）》

【答案】试验或检测合格

【答案解析】9.8.2.3 运输过程中，带电绝缘工具应装在专用工具袋、工具箱或专用工具车内，以防受潮和损伤。发现绝缘工具受潮或表面损伤、脏污时，应及时处理并经试验或检测合格后方可使用。

43.

【题目出处】《国家电网公司电力安全工作规程（配电部分）（试行）》

【答案】受潮

【答案解析】9.8.2.5 禁止使用有损坏、受潮、变形或失灵的带电作业装备、工具。

44.

【题目出处】《国家电网公司电力安全工作规程（配电部分）（试行）》

【答案】无用的接线

【答案解析】10.1.2 继电保护装置、配电自动化装置、安全自动装置和仪表、自动化监控系统的二次回路变动时，应及时更改图纸，并按经审批后的图纸进行，工作前应隔离无用的接线，防止误拆或产生寄生回路。

45.

【题目出处】《国家电网公司电力安全工作规程（配电部分）（试行）》

【答案】永久性

【答案解析】10.2.1 电流互感器和电压互感器的二次绕组应有一点且仅有一点永久性的、可靠的保护接地。工作中，禁止将回路的永久接地点断开。

46.

【题目出处】《国家电网公司电力安全工作规程（配电部分）（试行）》

【答案】运维人员

【答案解析】10.2.4 二次回路通电或耐压试验前，应通知运维人员和其他有关人员，并派专人到现场看守，检查二次回路及一次设备上确无人工作后，方可加压。

47.

【题目出处】《国家电网公司电力安全工作规程（配电部分）（试行）》

【答案】二次回路

【答案解析】10.2.5 电压互感器的二次回路通电试验时，应将二次回路断开，并取下电压互感器高压熔断器或拉开电压互感器一次刀闸，防止由二次侧向一次侧反送电。

48.

【题目出处】《国家电网公司电力安全工作规程（配电部分）（试行）》

【答案】调度控制中心

【答案解析】10.3.4 工作中，需临时停用有关保护装置、配电自动化装置、安全自动装置或自动化监控系统，应向调度控制中心申请，经值班调控人员或运维人员同意，方可执行。

49.

【题目出处】《国家电网公司电力安全工作规程（配电部分）（试行）》

【答案】直流系统功能

【答案解析】10.4.1 继电保护、配电自动化装置、安全自动装置及自动化监控系统做传动试验或一次通电或进行直流系统功能试验前，应通知运维人员和有关人员，并指派专人到现场监视后，方可进行。

50.

【题目出处】《国家电网公司电力安全工作规程（配电部分）（试行）》

【答案】安全自动装置

【答案解析】10.4.2 检验继电保护、配电自动化装置、安全自动装置和仪表、自动化监控系统和仪表的工作人员，不得操作运行中的设备、信号系统、保护压板。

51.

【题目出处】《国家电网公司电力安全工作规程（配电部分）（试行）》

【答案】邻近间隔

【答案解析】11.1.1 高压试验不得少于两人，试验负责人应由有经验的人员担任。试验前，试验负责人应向全体试验人员交代工作中的安全注意事项，邻近间隔、线路设备的带电部位。

52.

【题目出处】《国家电网公司电力安全工作规程（配电部分）（试行）》

【答案】绝缘操作棒

【答案解析】12.2.9 带电插拔肘型电缆终端接头时应使用绝缘操作棒并戴绝缘手套、护目镜。

53.

【题目出处】《国家电网公司电力安全工作规程（配电部分）（试行）》

【答案】夹层

【答案解析】12.2.12 使用携带型火炉或喷灯作业的安全措施：（2）不得在带电导线、带电设备、变压器、油断路器（开关）附近以及在电缆夹层、隧道、沟洞内对火炉或喷灯加油、点火。

54.

【题目出处】《国家电网公司电力安全工作规程（配电部分）（试行）》

【答案】防毒、防火

【答案解析】12.2.13 制作环氧树脂电缆头和调配环氧树脂过程中，应采取防毒、防火措施。

55.

【题目出处】《国家电网公司电力安全工作规程（配电部分）（试行）》

【答案】冒烟小洞

【答案解析】12.3.6 电缆故障声测定点时，禁止直接用手触摸电缆外皮或冒烟小洞。

56.

【题目出处】《变电现场作业风险管控实施细则》

【答案】必须

【答案解析】勘察原则：Ⅰ～Ⅲ级检修必须开展现场勘察，Ⅳ级、Ⅴ级检修根据作业内容必要时开展现场勘察。

57.

【题目出处】《变电现场作业风险管控实施细则》

【答案】现场勘察

【答案解析】勘察原则：因停电计划变更、设备突发故障或缺陷等原因导致停电区域、作业内容、作业环境发生变化时，根据实际情况重新组织现场勘察。

58.

【题目出处】《变电现场作业风险管控实施细则》

【答案】7

【答案解析】Ⅲ级检修方案由地市级单位设备管理部门组织编制，检修项目实施7日完成。地市级单位设备管理部门负责人组织审查，地市级单位设备管理部门批准，省公司设备部备案。

59.

【题目出处】《变电现场作业风险管控实施细则》

【答案】单个作业面

【答案解析】Ⅲ级检修单个作业面的安全与质量管控难度低、作业人员相对集中，其检修方案可用“Ⅳ级、Ⅴ级检修方案+标准作业卡”替代。

60.

【题目出处】《变电现场作业风险管控实施细则》

【答案】覆盖全面

【答案解析】检修方案编写时，应参考“检修工序风险库”将作业过程中涉及的关键工序及管控措施覆盖全面，并在工作进度图中对高、中风险工序进行重点标注。

61.

【题目出处】《变电现场作业风险管控实施细则》

【答案】审批流程

【答案解析】严禁无方案作业。因停电计划临时变更、设备突发故障或缺陷等原因导致检修内容变化时，应结合实际内容补充完善检修方案，并重新履行审批流程。作业风险等级提级时，应按照新的作业风险等级履行方案编审批。

62.

【题目出处】《变电现场作业风险管控实施细则》

【答案】必要时

【答案解析】Ⅲ级检修中涉及220kV及以上设备A类、B类（核心部件3）的检修：地市级单位设备管理部门负责人或管理人员，县公司级单位负责人或管理人员应到岗到位，省公司设备部管理人员必要时到岗到位。

63.

【题目出处】《变电现场作业风险管控实施细则》

【答案】到岗到位

【答案解析】管理人员应选择复杂运维操作、作业内容调整引起安全措施变更及Ⅰ级、Ⅱ级检修送电等关键环节到岗到位。高风险工序实施期间管理人员必须到岗到位。

64.

【题目出处】《国家电网有限公司严重违章释义》

【答案】50

【答案解析】4. 总监理工程师兼任2～3个非特高压变电工程或总长未超过50km的非特高压输电线路工程或配电网工程项目部总监，未经建设管理单位书面同意。

65.

【题目出处】《国家电网有限公司严重违章释义》

【答案】非本班组

【答案解析】8. 涉及多专业、多单位、多班组的大型复杂作业和非本班组管辖范围内设备检修（施工）的作业。

66.

【题目出处】《国家电网有限公司严重违章释义》

【答案】单位负责人

【答案解析】2. 二、三级风险作业相关地市公司级单位或建设管理单位专业管理部门负责人或管理人员、县公司级单位负责人未到岗到位

67.

【题目出处】《国家电网有限公司严重违章释义》

【答案】危险化学品

【答案解析】3. 特种设备作业人员、特种作业人员、危险化学品从业人员资格证书未按期复审。

68.

【题目出处】《国家电网有限公司严重违章释义》

【答案】检测试验

【答案解析】自制施工工器具未经检测试验合格。

释义：自制或改造起重滑车、卸扣、切割机、液压工器具、手扳（链条）葫芦、卡线器、吊篮等工器具，未经有资质的第三方检验机构检测试验，无试验合格证或试验合格报告。

69.

【题目出处】《国家电网有限公司严重违章释义》

【答案】压力释放通道

【答案解析】金属封闭式开关设备未按照国家、行业标准设计制造压力释放通道。

释义：开关柜各高压隔室未安装泄压通道或压力释放装置。

70.

【题目出处】《国家电网有限公司严重违章释义》

【答案】不正确

【答案解析】设备无双重名称，或名称及编号不唯一、不正确、不清晰。

释义：

1. 设备无双重名称。

2. 线路无名称及杆号，同塔多回线路无双重称号。

3. 设备名称及编号、线路名称或双重称号不唯一、不正确、无法辨认

71.

【题目出处】《国家电网有限公司严重违章释义》

【答案】底部和两侧

【答案解析】配电站、开闭所户外高压配电装置的裸露（含绝缘包裹）导电部分跨越人行过道或作业区时，对地高度不满足安全距离要求且底部和两侧未装设护网。

72.

【题目出处】《国家电网有限公司严重违章释义》

【答案】故障失效

【答案解析】电化学储能电站电池管理系统、消防灭火系统、可燃气体报警装置、通风装置未达到设计要求或故障失效。

73.

【题目出处】《国家电网有限公司严重违章释义》

【答案】垂直交叉

【答案解析】高边坡上下层垂直交叉作业中间未设置隔离防护棚或安全防护拦截网，并明确专人监护。

74.

【题目出处】《国家电网有限公司严重违章释义》

【答案】5m

【答案解析】开挖深度较大的坡（壁）面，每下降 5m 未进行一次清坡、测量、检查；对断层、裂隙、破碎带等不良地质构造的高边坡，未按设计要求采取锚喷或加固等支护措施。

75.

【题目出处】《国家电网有限公司严重违章释义》

【答案】退出运行

【答案解析】未经本单位消防安全责任人（法人单位的法定代表人或者非法人单位的主要负责人）批准，擅自将自动灭火装置、火灾自动报警装置退出运行。

76.

【题目出处】《国家电网有限公司严重违章释义》

【答案】签发人

【答案解析】工作票（含分票、工作任务单、动火票等）票面缺少工作许可人、工作负责人、工作票签发人、工作班成员（含新增人员）等签字信息；作业票缺少审核人、签发人、作业人员（含新增人员）等签字信息。

77.

【题目出处】《国家电网有限公司严重违章释义》

【答案】遗漏或错误

【答案解析】工作票（含分票、工作任务单、动火票、作业票等）票面防触电、防高坠、防倒（断）杆、防窒息等重要安全技术措施遗漏或错误。

78.

【题目出处】《国家电网有限公司严重违章释义》

【答案】安全警戒线

【答案解析】作业人员擅自穿、跨越安全围栏、安全警戒线。

释义：作业人员擅自穿、跨越隔离检修设备与运行设备的遮栏（围栏）、高压试验现场围栏（安全警戒线）、人工挖孔基础作业孔口围栏等。

79.

【题目出处】《国家电网有限公司严重违章释义》

【答案】下面

【答案解析】起吊或牵引过程中，受力钢丝绳周围、上下方、内角侧和起吊物下面，有人逗留或通过。

80.

【题目出处】《国家电网有限公司严重违章释义》

【答案】两侧

【答案解析】3. 紧线作业区段内有跨越、平行带电线路时，作业点两侧未可靠接地。